水库大坝风险管理理论与应用

葛 巍 李宗坤 著

黄河水利出版社

·郑州·

内 容 提 要

　　科学分析和量化水库大坝风险水平,是有效采取水库大坝风险管控措施的基础和关键。本书系统论述了水库大坝风险管理理论的主要内容及代表性分析方法,包括:水库大坝风险分析的基本内涵、国内外水库大坝溃坝统计分析、水库大坝风险概率和风险后果分析、水库大坝风险标准构建、水库大坝风险管理的工程措施和非工程措施、水库大坝退役与拆除分析等。

　　本书可作为水利工程相关研究人员和专业技术管理人员的参考用书,也可作为高等院校水利类专业研究生和本科生的教学参考书。

图书在版编目(CIP)数据

　　水库大坝风险管理理论与应用/葛巍,李宗坤著
.—郑州:黄河水利出版社,2023.1
　　ISBN 978-7-5509-3503-7

　　Ⅰ.①水…　Ⅱ.①葛…②李…　Ⅲ.①水库-大坝-
风险管理-研究-中国　Ⅳ.①TV698.2

　　中国国家版本馆 CIP 数据核字(2023)第 012019 号

责任编辑	李洪良	责任校对	兰文峡
封面设计	张心怡	责任监制	常红昕

出版发行　黄河水利出版社
　　　　　地址:河南省郑州市顺河路49号　邮政编码:450003
　　　　　网址:www.yrcp.com　E-mail:hhslcbs@126.com
　　　　　发行部电话:0371-66020550
承印单位　河南新华印刷集团有限公司
开　　本　787 mm×1 092 mm　1/16
印　　张　9.75
字　　数　226 千字
版次印次　2023 年 1 月第 1 版　　　　2023 年 1 月第 1 次印刷
定　　价　65.00 元

前　言

　　水库大坝在防洪、发电、灌溉、供水和航运等方面发挥着极其重要的作用,在促进社会、经济发展和减少碳排放领域有着举足轻重的地位。但是由于超标准洪水、自然老化、地震、管理不当等自然和人为的原因,水库大坝时刻面临着潜在溃坝风险。由于拦蓄大量水体、积蓄势能,水库大坝一旦溃决,很容易造成巨大的生命损失、经济损失和环境影响、社会影响。

　　近年来,风险管理的理念和方法得到了广泛的认可,在水库大坝管理领域也发挥着越来越重要的作用。为此,本书在国家自然科学基金项目(No. 52079127、52179144、51709239、51679222、51379192)、河南省自然科学基金优秀青年基金项目(No. 232300421067)、中国博士后科学基金面上项目(No. 2023M731259)、河南省高校科技创新人才支持计划项目(No. 2022HASTIT011)、河南省青年人才托举工程项目(No. 2021HYTP024)等多项研究项目的联合资助下,系统梳理和总结了水库大坝风险管理的基本理论、评估方法、标准构建、管理决策和工程应用等内容。

　　本书共7章,主要内容如下:

　　第1章主要介绍了水库大坝风险分析的基本内涵及国外水库大坝风险管理现状,对比分析了我国水库大坝的安全管理与风险管理,并明确了水库大坝风险管理的关键内容。

　　第2章主要分析了国内外水库大坝溃坝统计资料,并简述了国内外水库大坝典型溃坝案例。

　　第3章主要对水库大坝风险概率影响因素进行辨识,并分别论述了水库大坝风险概率的绝对性评估方法和相对性评价方法。

　　第4章主要对水库大坝风险后果进行分类,辨识了影响因素,并分别论述了水库大坝风险后果的绝对性评估方法和相对性评价方法。

　　第5章主要分析了水库大坝风险标准构建方法和影响因素,并分别构建了我国水库大坝生命风险标准和经济风险标准。

　　第6章主要论述了水库大坝工程安全管理(工程措施)和社会安全管理(非工程措施)的思路和内容,并提出了应急管理的建议和措施。

　　第7章主要分析了水库大坝退役与拆除的原因和意义,分析了国内外水库大坝退役与拆除的现状,以及可能造成的影响。

　　本书由郑州大学葛巍和李宗坤共同撰写,其中第1章、第2章、第5章和第7章由葛巍撰写,第3章和第4章由李宗坤撰写,第6章由葛巍和李宗坤共同撰写。李巍、王特、焦余铁、孙贺强、秦玉盼、王健和王修伟等在资料收集、文字处理、图文整编和书稿校核方面做了大量工作。

　　Delft University of Technology 的 Pieter van Gelder 教授在项目研究和本书撰写过程中,给予了大量的建议和技术支持。

本书在撰写过程中参阅了大量论文、专著、报告等,谨对所有参考资料的作者表示衷心的感谢!

本书可供相关水利工程科研及管理人员参考,也可作为水利工程或工程管理相关专业研究生教材使用。

限于作者的认识与水平,书中难免会有疏漏之处,恳请广大读者批评指正。

作　者

2022 年 11 月

目 录

第1章　概　述

1.1　水库大坝风险分析基本内涵

1.1.1　水库大坝风险的定义

目前尚没有对水库大坝风险统一的定义,根据其包含内容(范围)的不同,通常可分为狭义的风险与广义的风险两类。

1.1.1.1　狭义的风险

狭义的风险,一般指某种特定的危险事件(事故或意外事件)发生的可能性,即概率风险;或指某种特定的危险事件(事故或意外事件)发生后会导致的后果,即后果风险。狭义的水库大坝风险通常指水库大坝失事的概率,或者失事后可能导致的后果。

1.1.1.2　广义的风险

广义的风险包括某种特定的危险事件(事故或意外事件)发生的可能性及其相应的后果。根据2000年国际大坝委员会(International Commission on Large Dams,ICOLD)北京会议的定义:风险(R,risk)是指大坝对生命、健康、财产和环境负面影响的可能性和严重性的度量,是溃坝可能性(P,probability)和产生后果(L,loss)的乘积。为与狭义的风险有效区分,溃坝的可能性可定义为风险概率,潜在溃坝后果可定义为风险后果。

广义的水库大坝风险既包含了大坝本身的安全性,也包含了其潜在溃坝后果,逐渐为研究及工程领域所认可和关注。

1.1.2　水库大坝风险分析的研究内容

水库大坝风险分析通常包括4个方面的内容:识别影响水库大坝风险的因子、计算水库大坝风险概率或风险后果、评价水库大坝风险水平、提出水库大坝风险管理措施。这4个方面呈先后及循环的关系(通常也可认为后面内容包含前面各项内容),如图1-1所示。

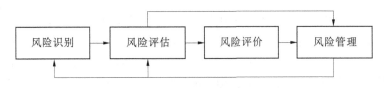

图 1-1　水库大坝风险分析基本内容

(1)风险识别,是指在风险事件发生之前运用各种方法对可能导致风险事件发生的各类因子进行辨认和鉴别,是构建风险评价指标体系、合理进行风险评估、风险评价与风险管理的基础和关键。水库大坝风险识别是指根据工程经验,结合风险形成路径和致灾机制分析,识别影响风险概率和风险后果的因子。

(2)风险评估,是指采用相应的力学或数学方法,计算风险概率或风险后果。根据影响因子特性及风险评价的需要,通常可采用定性分析、定量计算或者定性与定量相结合的方法。水库大坝风险评估是指根据风险识别结果,定性描述或定量计算水库大坝风险概率、风险后果或相应的综合风险。

(3)风险评价,是指将风险评估结果与风险标准进行比较,判断其所处的风险等级或风险水平。水库大坝风险评价中,风险等级常分为高、中、低3个等级,或者高、较高、中、较低、低5个等级,或者极高、高、较高、中、较低、低、极低7个等级。从理论上来讲,等级划分越细,评价准确性越高,但是其对于风险识别和风险评估的要求越高,可操作性越低。由于影响因子及其作用机制的随机性与模糊性,过于精细的等级划分,有时候甚至会降低评价结果的准确性。

风险标准是合理判定风险等级或者风险水平的基础与关键,因此水库大坝风险标准的构建一直为人们所关注。

(4)风险管理,是以风险度量为理念,进行接受、拒绝、减小和转移风险的过程性管理。水库大坝风险管理是指根据风险识别、风险评估和风险评价结果,通过各种措施和方法管控风险因子,减少溃坝可能性(风险概率管理),或减少潜在溃坝损失(风险后果管理)。此外,风险管理可以实现在不同层次上的大坝管理,例如可以对一个地区、一个省乃至全国的水库大坝进行风险管理,也可以只对某个大型水库、中型水库或小型水库大坝进行风险管理。

以往的风险管理通常是一种事前管理机制。随着工程全寿命管理和应急管理技术的不断发展,以及社会风险意识的不断提高,现代的水库大坝风险管理包括事前管理、事中管理(包括风险应急管理)和事后管理(包括水库大坝维修加固和管理经验总结提升等)。

1.2　国外水库大坝风险管理

20世纪60年代末至70年代初,几起较为严重的大坝失事事故促使美国、苏联等开展大坝防洪风险研究。1991年,加拿大不列颠哥伦比亚水电公司率先将风险管理技术应用于大坝的安全管理中,并根据业主大坝安全管理条例、国家法律、下游居民生命财产价值和业主赔偿能力等指标制定了大坝风险标准,成为国际上最早实行大坝风险管理的公司。

2000年,"风险分析在大坝安全决策和管理中的应用(The use of risk analysis to support dam safety decisions and management)"被国际大坝委员会和国际水利与环境工程学会(International Association for Hydro-Environment Engineering and Research,IAHR)列为第20届国际大坝会议议题,标志着以风险分析为基础的大坝风险分析与管理技术得到了世界水利界的广泛关注和认可。国家大坝委员会对于水库大坝分析理论的研究和应用起到了积极的推动作用,加拿大、美国和澳大利亚等国家在相关研究和应用方面处于领先地位。

1.2.1　国际大坝委员会

国际大坝委员会(ICOLD)是一个国际民间组织,成立于 1928 年,截至 2020 年底,共有 104 个国家会员,涵盖了世界上 95%以上水库大坝所在的国家。它是享有很高声誉、在国际坝工技术方面公认的最具权威的国际非政府间的学术组织,宗旨是通过相互信息交流,包括技术、经济、财务、环境和社会影响等问题的研究,促进水库大坝和水利水电工程的规划、设计、施工、运行和维护的技术进步,以确保大坝的建造和运行安全、高效、经济、环境可持续和社会公平。

2001 年,ICOLD 发布《尾矿坝危险事件风险——从实践经验中吸取的教训》(*Bulletin 121:Tailings Dams Risk of Dangerous Occurences—Lessons Learnt from Fractical Experiences*);2005 年,ICOLD 发布《大坝安全管理中的风险评价》(*Bulletin 130:Risk Assessment in Dam Safety Management*),进一步推动了世界范围内大坝风险管理技术的推广与应用;2014 年,ICOLD 发布《综合洪水风险管理》(*Bulletin 156:Integrated Flood Risk Management*),提出应在定量和定性分析洪水影响的基础上,从风险的角度进行洪水管理;2018 年,ICOLD 发布《洪水评估、灾害确定和风险管理》(*Bulletin 170:Flood Evaluation,Hazard Determination and Risk Management*),提出了水库大坝设计洪水的确定和风险分析的新方法;之后继续发布了《大坝和堤坝安全风险知情决策的现状》(*Bulletin 189:Current State-of-Practice in Risk-Informed Decision-Making for the Safety of Dams and Levees*)。ICOLD 正在为世界各国的水库大坝风险管理提供理论支撑和技术指导。

1.2.2　加拿大水库大坝风险管理

加拿大联邦政府没有专设的大坝安全监管机构,跨境河流的水资源管理由联邦层面组建的国际联合委员会负责,境内水资源管理和水电开发利用由各省(区)全权负责。各省(区)结合自身情况,由省政府主管部门以法律法规的形式进行许可审批管理。加拿大大坝协会(Canadian Dam Association,CDA)作为加拿大全国性的行业协会,2007 年发布了《大坝安全导则》(*Dam Safety Guidelines*),配套发布了系列技术公报,并于 2013 年进行了修订。

《大坝安全导则》中详细阐述了大坝安全管理系统,该系统为公共政策和大坝业主业务目标范围内的安全措施、决策及支持流程提供了整体框架,其中的典型措施和决策要点如图 1-2 所示。

《大坝安全导则》强调业主不仅要考虑自身的商业目标,还要重点考虑大坝带来的社会风险,应根据潜在溃坝后果确定大坝安全管理的等级。

相应的,各省也制定了自己的大坝安全和风险管理的政策与规章,例如不列颠哥伦比亚省森林、土地和自然资源管理部(Ministry of Forests,Lands and Natural Resource Operations)的《大坝安全计划:估算下游溃坝洪水》(*Dam Safety Program:Estimating Dam Break Downstream Inundation*),阿尔伯塔省的《大坝和运河安全指南》(*Dam and Canal Safety Guidelines*)。各省的水电公司也分别制定了相应的风险管理制度,例如 BC Hydro 公司的 Dam Safety Regulation,魁北克省 Hydro-Quebec 公司的内部大坝安全政策和应急措施导则等。

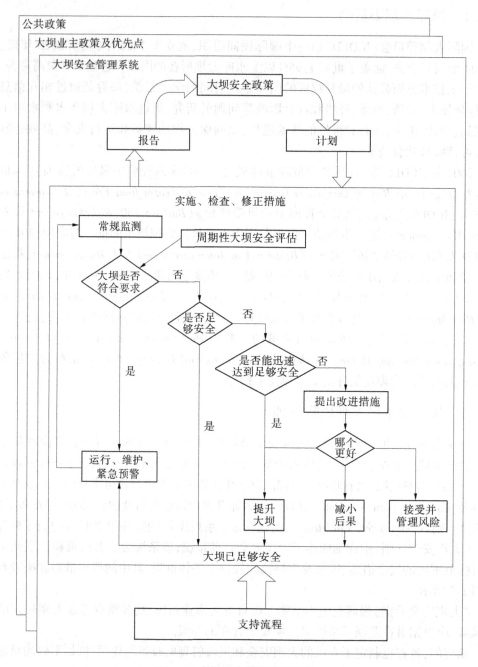

图1-2 大坝安全管理系统概览

1.2.3 美国水库大坝风险管理

美国是联邦制国家,联邦政府有水库大坝管理法规,各州也有各自的水库大坝管理法规。全美大约14%的水库大坝由联邦政府机构进行监管,由多个联邦政府机构合作、协同管理水库大坝的安全。州政府对全美大约 80% 的水库大坝负有安全监督责任。联邦政府管辖的水库大坝主要包括两类：一类是属于联邦政府所有的水库大坝，包括美国垦务局(U. S. Bureau of Reclamation, USBR)、美国陆军工程兵团(U. S. Army Corps of Engineers, USACE)、田纳西河流域管理局(Tennessee Valley Authority)等联邦机构投资、建设、运行、使用的水库大坝；另一类是联邦能源委员会管辖，作为水电工程组成部分的非联邦水库大坝。其余的水库大坝都归各州管辖。总的来说，联邦政府所有的水库大坝和非联邦政府所有的水库，呈现出两种不同的管理体制机制。

在美国，除了阿拉巴马州，其余州都制定了相关的水库大坝安全管理法案。不管是联邦法律还是州法律，都明确规定水库大坝业主对其安全负责。大坝业主要自行负责大坝的安全、维护、维修与更新改造；要负责大坝的终生维护，需采取必要的措施降低因大坝老化、动物或人类影响、极端事件及其他因素对大坝造成的伤害；要负责因为技术标准变化和技术进步、对地区降雨条件的深入了解、下游人口的增加和土地利用情况的变化所可能引起的更新改造。一旦大坝风险等级变高，大坝需进行相应的更新改造，以满足新的安全标准。

美国政府于 1979 年发布联邦大坝安全导则(FCCST)。1988 年，美国土木工程师学会(The American Society of Civil Engineers, ASCE)首先将风险分析方法应用于溢洪道的泄洪能力评估当中；随后，美国垦务局(USBR)提出了现场评分法用于衡量大坝的风险；美国国家气象局(National Weather Service, NWS)研发了包括 DAMBRK 模型、BREACH 模型及 FLDWAV 模型在内的各类风险分析模型应用于溃坝洪水计算。近年来，犹他州立大学(Utah State University)的 David Bowles 等在溃坝生命损失研究方面取得了较多的积极成果。

为了有效提升水库大坝风险管理水平，美国的一些大坝管理部门也制定了相应的规章和政策。例如，美国陆军工程兵团(USACE)的《大坝安全政策和程序》(*Safety of Dams-Policy and Procedures*)，美国垦务局(*USBR*)的《大坝安全公共保护指南》(*Dam Safety Public Protection Guidelines*)、《下游灾害分类指南》(*Downstream Hazard Classification Guidelines*)和《大坝安全风险分析生命损失估算指南》(*Guidelines for Estimating life Loss for Dam Safety Risk Analysis*)等。

1.2.4 澳大利亚水库大坝风险管理

澳大利亚政府为联邦制，水库大坝的管理主要由各个州负责，不过澳大利亚大坝委员会(Australian National Committee on Large Dams, ANCOLD)在大坝管理工作中发挥着重要作用。ANCOLD 主持制定了《大坝安全管理导则》(*Guidelines on Dam Safety Management*)，为大坝安全管理的参与者提供了很好的指导。

在澳大利亚，一些州有专门的大坝立法，例如：新南威尔士州、昆士兰州、维多利亚州、塔斯马尼亚州及首都领地都已经制定了专门的大坝安全法。这些州的大坝安全由大坝业主负责，并有专门的政府机构监督大坝业主对大坝安全法律法规的执行情况。而另一些州则依赖更一般的规定，例如：西澳大利亚州、南澳大利亚州及北领地还没有相关的立法，由相关的水务公司管理大坝安全。出于这些原因，ANCOLD 将《大坝安全管理导则》作为一份咨询文件提出,并明确指出:在任何情况下,都必须由具有相应资质和经验的专业人士进行解释;且在任何意义上,都不应将该导则视为标准。虽无法律效力,但是该导则却被行业广泛认可和使用,各州的大坝安全管理都借鉴参考了《大坝安全管理导则》。

除了国家层面的ANCOLD,澳大利亚的一些州也成立了大坝委员会,例如新南威尔士州大坝委员会(NSW Dams Safety Committee)。这些机构参照ANDOLD提出的导则,结合本州大坝状况提出了一些大坝管理导则,例如《大坝安全论证》(DSC2D—Demonstration of Safety for Dams)等。

ANCOLD高度重视风险分析在大坝管理中的重要作用,于2000年发布《溃坝后果评估导则》(Guidelines on the Assessment of the Consequences of Dam Failure),并于2012年发布更为全面的《大坝后果分类导则》(Guidelines on the Consequence Categories for Dams)将其代替。此外,ANCOLD于2003年发布《风险评估导则》(Guidelines on Risk Assessment),提供了澳大利亚大坝风险分析的一般性框架,确定了风险分类、风险评估、风险评价和风险处理过程中的主要步骤,应用于任何威胁大坝安全的潜在事件,成为各州大坝风险管理的重要指导文件。

1.3 我国水库大坝的安全管理与风险管理

1.3.1 我国水库大坝管理发展阶段

三峡、锦屏一级、小湾、溪洛渡、乌东德等特大型水电工程的建成及顺利投入运行,标志着中国的筑坝技术已达到世界领先水平。与此同时,我国水库大坝的安全管理也在不断的发展和进步,大致可分为3个阶段:第一阶段是从新中国成立到1978年改革开放,主要依靠行政上的检查来促使各级领导和政府加强大坝安全管理;第二阶段是从改革开放到20世纪90年代末,以《水库大坝安全管理条例》为基础的一大批法律法规使大坝的安全管理变得规范化;第三阶段是从21世纪开始,国家在进行水利工程管理体制改革的同时,投入巨资进行病险水库的除险加固,风险管理理念在国内逐步得到广泛认可,我国的大坝管理正面临着新的机遇和挑战。

1.3.2 安全管理与风险管理对比分析

大坝管理的目标在于保证其安全性满足相应的要求,可能发生事故的概率及其潜在损失处于可控或人们可接受的范围之内,这也是风险管理的核心内容。目前,我国对于大坝的设计、施工、运行及管理依然主要基于安全的理念,即大坝在规定时间和规定条件下,完成既定功能的概率。这就导致安全管理偏重于工程本身,而在事故后果的评估与管理方面显得不足。

21世纪以来,随着250 m级甚至300 m级高坝大库的建设,如何保障安全已成为当前水库大坝管理所面临的最严峻的挑战之一。水库大坝没有百分之百安全的,均存在一定的风险,且随着大坝的自然老化、全球变暖背景下极端气象状况的频繁发生及大坝下游经济社会发展和人口的增加而增大。因此,亟须对水库大坝进行风险分析,将单纯的工程安全纳入到社会发展系统当中，统筹考虑工程安全与社会公共安全之间的关系，从而为大坝管理部门的科学决策提供支持。

中国大坝管理部门从 2000 年以后开始重视风险管理技术的研究与应用，水利部于 2002 年组团考察了澳大利亚大坝风险研究情况，并在 2003 年与澳大利亚 GHD 公司合作对安徽沙河集水库大坝进行了风险分析。现行的法律法规也适当考虑了大坝事故对下游可能造成的影响，一定程度上体现了风险管理的理念。

1.3.2.1　失事概率分析

（1）大坝安全管理。防洪评价方面的基本目标是用概率方法来判断大坝防洪安全性。目前，主要采用基于实测水位序列、基于设计洪水成果、基于洪水随机模拟 3 种方法。但这些方法较大程度上依赖于对不确定性数据资料的定量分析及对数学模型的严密逻辑处理，实际运用中常会遭遇数据缺失和假设简化的困难，因而目前国内对大坝防洪安全评价仍以定性分析方法为主。结构、渗流、抗震及金属结构方面，主要是基于大坝的安全监测资料进行数值计算，与安全系数进行对比来判定安全程度。20 世纪 80 年代可靠度理论开始应用于大坝安全评价中，并对中国工程结构设计规范的发展起到了积极的推动作用。但可靠度分析方法对各种随机变量的研究存在较大难度，有时候其准确的概型分布难以确定。

（2）大坝风险管理。风险概率即狭义上的风险，一般指风险事件发生的概率，因而风险概率与安全概率计算具有较大的一致性。可靠度理论、事故模式分析及随着计算机技术发展而兴起的随机模拟技术在风险概率计算方面都得到了较为广泛的应用。但安全评价方法与风险评价方法的评价体系不一致，人们很难将大坝安全等级划分的结论与概率的风险指标相统一。

1.3.2.2　失事后果分析

（1）大坝安全管理。大坝安全管理中，并无对事故后果计算及评价的专门规定，只是在工程规模、工程等级确定的时候，定性的对设计范围内可能受工程失事影响的下游进行分类分级。我国从 1959 年的《水利水电工程设计基本技术规范》中，开始将防洪单列为一项工程分等指标，已包含风险评价中的事故后果这一方面，不过并未从较为准确的"损失"这一角度来定义。水利部于 2003 年发布的《水库大坝安全鉴定办法》规定：对鉴定为三类坝、二类坝的水库，鉴定组织单位应当对可能出现的溃坝方式和对下游可能造成的损失进行评估，并采取除险加固、降等或报废等措施予以处理。

（2）大坝风险管理。风险管理与安全管理相比所具有的最大特点：事故后果的考虑与事故概率并重。加拿大、美国和澳大利亚等国家在 20 世纪末已经较为系统地展开了溃坝生命损失研究：基于对大坝失事洪水过程的模拟，综合考虑涉及范围内的经济、发展情况，常采用累计加权和经验公式等方法进行计算，相关研究成果已在实际工程中得到应用并在不断完善。

大坝风险管理理念引入中国之后，我国南京水利科学研究院、河海大学、天津大学、郑州大学、西安理工大学等一些高校和科研院所的研究人员在溃坝洪水演进分析与模拟、生命和经济损失评估等领域也取得了较多的研究成果。但是已有研究对生命与经济损失造成重要影响的人为因素考虑较少，导致事故损失计算成果与工程实际尚存在较大的差距。

1.3.2.3　评价准则

（1）大坝安全管理。现行的安全标准根据规模、坝高和库容、水电站特征、供水目的对坝进行分类，且危害程度不同的坝，其设计洪水或校核洪水（极端洪水）的标准不同。《防洪标准》（GB 50201—2014）规定：各类防护对象的防洪标准应根据经济、社会、政治、环境等因素对防洪安全的要求，统筹协调局部与整体、近期与长远及上下游、左右岸、干支流的关系，通过综合分析论证确定。有条件时，宜进行不同防洪标准所可能减免的洪灾经济损失与所需的防洪费用的对比分析。但根据上述规定采用的设计洪水标准比较保守，且是跳跃式、不连续的，所以当前的防洪标准尚存在较大争议。而结构、渗流、抗震、金属结构安全的评价标准主要是相关方面的安全系数：土石坝的重点是渗流、变形及稳定分析；混凝土坝及泄水、输水建筑物的重点是强度及稳定分析。

因事故后果方面的统计资料较少，水利行业并无专门的事故后果评价标准。只是规定了在规划和设计中应考虑可能的事故影响，但并未明确什么范围、什么程度的事故后果可以接受。国家层面有《生产安全事故报告和调查处理条例》对安全事故等级进行了规定，但与水利工程失事概率低，后果严重的特点并不十分符合。我国暂时还没有专门关于社会影响方面的规定，环境影响方面则有《中华人民共和国环境影响评价法》，规定在土地利用的有关规划，区域、流域、海域的建设、开发利用规划中应当对规划实施后可能造成的环境影响做出分析、预测和评估。

（2）大坝风险管理。1974年，英国健康与安全委员会（HSE）根据1972年的罗本斯报告（Robens Report）中推荐的SFAIRP（so far as is reasonably practicable，只要合理切实可行）建议，明确要求采用ALARP（as low as reasonably practicable，最低合理可行）准则进行风险管理和决策，这对于风险标准的选择及合理制订风险处理方案具有里程碑意义。1967年，Frarmer利用概率论建议了一条各种风险事故所容许发生的限制曲线（表示事故后果与其超过概率之间的关系），即著名的F-N曲线。其首先被用于核电站的风险评价，而后在英国、荷兰、丹麦、澳大利亚等国家的大坝风险标准构建中得到了广泛的应用，美国垦务局（USBR）则采用生命损失期望值作为大坝风险标准。相比生命损失标准，经济损失标准受当地经济发展水平的影响更大，上述国家一般由业主根据自己的风险承受能力来制定。

风险标准的建立涉及技术、社会、政治、经济及文化背景等各种因素，因而国外风险标准并不能直接适用于我国。参照国外的标准，一些学者结合我国大坝安全状况和社会经济发展水平，提出了相应的生命、经济风险标准以及环境、社会影响标准，但是研究成果与我国当前的安全标准缺乏有效衔接，造成其合理性难以验证。且风险标准的有效应用建立在可以准确计算风险后果的基础上，而截至目前，国际上尚没有得到很好公认性的风险后果计算模型，此方面原因也限制了风险标准研究成果的实际应用。

1.3.2.4　管理决策

（1）大坝安全管理。我国当前的大坝管理模式主要是防止工程本身的破坏，即将防洪标准与结构安全系数复核作为大坝安全评价与管理的决策依据，采取的措施主要是对防洪标准的调整及对大坝结构、渗流、抗震及金属结构的除险加固。上述措施有效降低了事故概率，提高了大坝本身的安全性，但还存在一定的不足：未将直接降低事故损失的控制措施作为安全管理的关键部分,且为了提高大坝整体的安全水平,纯粹的工程措施可能会导致片面地提高大坝设计安全系数,造成一些不必要的浪费。

(2)大坝风险管理。其优点在于其全面性与科学性,即重视工程措施与非工程措施的综合运用。我国政府及相关管理部门已开始重视应急预案在大坝管理中的突出作用:国家防汛抗旱总指挥部于 2003 年发布《水库防洪应急预案编制导则》,水利部于 2007 年发布《水库大坝安全管理突发事件应急预案编制导则(试行)》,要求编制在水库大坝发生突发安全事件时能避免或减少损失的应急预案,提高应对突发事件的能力,从非工程措施角度降低大坝风险。但大多编制单位在洪水风险图、溃坝洪水过程及后果分析等方面存在不足,导致应急预案的编制及实施效果未能充分体现。

1.4 水库大坝风险管理关键内容

从 21 世纪初,我国开始关注大坝风险管理技术,并逐渐和世界先进水平接轨,但我国风险管理技术和体系尚处于起步阶段,与欧美发达国家相比仍存在较大差距。为提高我国大坝管理水平,促使传统安全管理向风险管理转变,在以后的学术研究与实际操作中,应重视以下几个方面的分析与应用:

(1)准确计算风险概率。应重视大坝安全等级划分结论与概率风险指标相统一方面的研究,以便在风险管理中可有效借鉴安全管理方面的成功经验。已有的研究受统计资料及计算方法的一些限制,对影响大坝安全的许多因素进行了简化甚至暂时忽略。当前应借着相关数学方法和计算机模拟技术发展、统计资料不断完善等有利条件,对表征不确定性的入库洪水、风、过流结构尺寸、流量系数、水位-库容关系等随机变量进行更为深入的研究,在充分识别风险因子相互作用的基础上,提高风险概率定量计算的准确性。

(2)定量研究风险后果。随着国家流域防洪规划的编制,应对事故洪水演进、人口、财产分布、应急处理等影响事故后果的关键因素进行针对性分析,以此为基础进行风险后果定量研究。同时应积极引入我国在山洪、泥石流等灾害生命、经济损失定量分析方面的研究成果,并借鉴国家环评方面相关法律法规对于社会影响、环境影响的分析方法,作为大坝事故造成社会影响、环境影响定量估计的参照。风险后果与风险概率相结合,可使大坝风险评价结果更全面,风险管控措施更有针对性。

(3)合理构建风险标准。加拿大、美国、澳大利亚和欧洲等发达国家与地区在此方面的研究较早且进行了一些实际应用,其风险标准制定过程中所考虑的主要因素及一些关键问题的处理方法,对于我国风险标准的构建具有重要的借鉴意义。另外,国内其他行业已有的风险标准[如国家安全生产监督管理总局(现为中华人民共和国应急管理部)于2014 年发布的《危险化学品生产、储存装置个人可接受风险标准和社会可接受风险标准(试行)》]可作为制定大坝风险标准的重要参考依据。为与现行安全标准有效衔接,风险概率标准可暂按当前的安全标准,风险后果标准可根据当前的已有统计资料综合确定。鉴于大中型水库和小型水库在安全状况和事故损失方面存在的较大差异,可予以分别考虑。在政府主导、学术界和工程界通力合作、群众广泛参与的条件下构建适合中国国情的综合风险标准。

(4)科学采用管理手段。在当前主要采用工程措施且安全管理效果显著的基础上，重视洪水预警、应急管理等非工程措施在大坝评价与管理中的重要作用。二者结合，可有效降低事故损失，也可更为科学地判定大坝风险程度，合理确定病险大坝在除险加固中的排序，使有限的大坝管理资金更好地发挥作用。在合理进行风险识别、估计和评价的基础上，综合运用风险回避、风险转移等主动风险控制方法和应急预案等被动风险控制方法，建立完善的大坝风险管理体系，可达到事半功倍的效果。

第 2 章　水库大坝溃坝统计分析

2.1　我国水库大坝建设情况

根据水利部《2021 年全国水利发展统计公报》,我国已建成各类水库 97 036 座,水库总库容 9 853 亿 m^3。其中:大型水库 805 座,总库容 7 944 亿 m^3,占全部总库容的 80.63%;中型水库 4 174 座,总库容 1 197 亿 m^3,占全部总库容的 12.15%。3 种类型水库数量和库容占比如图 2-1 所示。

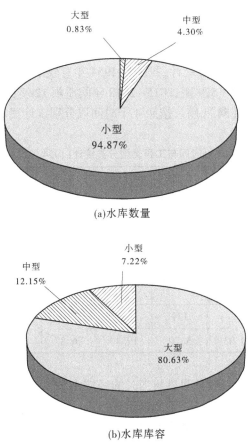

(a)水库数量

(b)水库库容

图 2-1　大中小型水库数量及库容占比

我国水库工程大多兴建于 20 世纪 50~70 年代,其中 50 年代、60 年代和 70 年代各建了约 28 800 座、19 400 座和 31 300 座水库,分别占已建水库总数的 29.7%、20.0% 和 32.3%,30 年间建成的水库占了已建水库的 81.9%。受当时经济技术条件限制和特定历史条件影响,工程基础资料短缺,经济发展调整较多,基本建设工程停建、缓建时有发生,导致"三边(边勘测、边设计、边施工)"工程和"半拉子"工程多,工程建设标准低、质量差。加上后来管理经费长期投入不足,维修养护不到位,工程失修,病害严重。"先天不足""后天失调"导致我国病险水库问题突出。

"十三五"时期,我国水库年均溃坝率是 0.03‰,为历史最低。世界公认的低溃坝率的标准是 0.1‰,远低于世界公认的低溃坝率标准,水库大坝安全状况总体可控。但是,一些特定的原因导致我国水库风险依然比较突出:一是截至 2021 年初,尚有 3.1 万多座水库没有在规定期限开展安全鉴定;二是部分水库受超标准洪水、强烈地震等自然灾害影响,产生不同程度的损毁;三是受财力所限,已经开展的部分水库除险加固标准较低;四是部分水库管护力量薄弱,日常维修养护不到位,积病成险。

2.2　国内外水库大坝溃坝统计分析

2.2.1　国内水库大坝溃坝统计分析

据水利部大坝安全管理中心统计,我国自 1954 年有较系统溃坝记录以来,到 2014 年的 61 年间共发生水库溃坝 3 529 座,2015~2018 年间溃坝 12 座,1954~2018 年的 65 年间共溃坝 3 541 座,年均溃坝 54.5 座。按照 4 个时间段分别统计溃坝数量及类型,如表 2-1 所示。

表 2-1　水库溃坝时间与工程类型分类统计(1954~2018 年数据)

溃坝时段	大型/座	中型/座	小(1)型/座	小(2)型/座	合计/座	比例/%	年均溃坝数/座
1954~1965 年(12 年)	0	87	282	410	779	22.0	64.9
1966~1976 年(11 年)	1	21	231	1 425	1 678	47.4	152.5
1977~1999 年(23 年)	0	16	155	829	1 000	28.2	43.5
2000~2018 年(19 年)	0	7	19	58	84	2.4	4.4
合计(65 年)	1	131	687	2 722	3 541	100.0	54.5
比例/%	0.03	3.70	19.40	76.87	100.0		

由表 2-1 可以看出,溃坝数量明显与当时的经济水平和时代特征相关,大致可分为 3 个阶段:

(1)溃坝高发时期。1954~1965 年的 12 年间溃坝 779 座,年均 64.9 座,此时新中国刚成立不久,百废待兴,经济水平欠佳;1966~1976 年的 11 年间溃坝 1 678 座,年均 152.5 座,这段时期大坝很少管理甚至无管理。两个时间段(23 年)整体年均溃坝 106.8 座。1975 年 8 月特大暴雨引发的洪水导致当时我国板桥水库溃决,这也是迄今为止我国仅有的一起大型水库溃决案例。

(2)显著降低时期。1977~1999 年的 23 年间溃坝 1 000 座,年均 43.5 座,与溃坝高发时期相比,年均溃坝数明显降低。这主要得益于我国进入改革开放,经济水平开始回升,管理水平和规范文件逐步改善并提高,大坝设计、施工、安全检测及维修养护等的水平逐渐提高。

（3）稳定时期。2000~2018 年的 19 年间溃坝 84 座,年均 4.4 座,占比仅 2.4%。21 世纪以后,我国经济飞速发展,进入世界前列。随着经济的发展,对于大坝建造或维修养护的资金投入显著提升,与之配套的规范和相关法律、规章制度等也进一步完善,大大提升了大坝管理的整体水平。

2.2.2　国外水库大坝溃坝统计分析

国际大坝委员会(ICOLD)于 1995 年统计了世界范围内(中国除外)129 座土石坝的溃坝模式,ICOLD"关于水坝和水库恶性化"小组委员会统计了 1950~1975 年间 150 座混凝土大坝的溃坝资料,分别如表 2-2 和表 2-3 所示。

表 2-2　ICOLD 统计的土石坝破坏模式

破坏模式	土坝占比/%	堆石坝占比/%	堆石坝/土坝占比/%
漫顶	23	45	31
坝体内部侵蚀(管涌)	20	8	23
坝基内部侵蚀(管涌)	13	13	15
结构破坏	29	25	23
其他	15	9	8
大坝总数量/座	92	24	13

表 2-3　ICOLD 统计的混凝土坝破坏模式

破坏模式	数量/座	比例/%	具体原因
漫顶	44	29	遭遇特大洪水、设计洪水水位偏低或泄洪设备失灵
结构破坏	36	24	地质条件过于复杂致使勘测和设计时未能充分考虑而导致基础失稳,设计时对荷载的估计过于乐观或发生特殊荷载作用:如特大地震致使结构变形和应力过大而导致坝体结构的破坏等
坝基渗流破坏	18	12	扬压力过高、渗流量过大并骤增等
老化、材料变质	25	17	结构开裂、侵蚀和风化及施工质量等原因致使坝体材料强度降低等
其他	27	18	库区两岸岩体大滑坡、严重的人为过失等
合计	150	100	

由此可看出,不论是混凝土坝还是土石坝,洪水漫顶均为导致溃坝的首要因素。

2.3　我国水库大坝溃坝分类统计及破坏模式分析

2.3.1　我国水库大坝溃坝分类统计

1962 年原水利电力部管理司根据各地溃坝报告资料汇编,刊印了《水库失事资料汇编》,统计了 1954~1961 年间失事的 532 座大坝。1979 年水利部工程管理局在 1962 年资料汇编的基础上,进一步补充核对,编制了《全国水库垮坝登记册》。1991 年水利部水利管理司继续登记了 20 世纪 80 年代溃坝的 266 座水库,编写成《全国水库垮坝统计资料》。

解家毕等在上述 3 次统计成果的基础上,针对所收集的国内 1954~2006 年发生的 3 498 座溃坝案例,分析了全国已溃水库不同坝型的溃坝数和百分比,如表 2-4 所示。

表 2-4　各种坝型溃坝数量与比例

序号	坝型	溃坝数/座	百分比/%
1	混凝土坝	12	0.34
2	浆砌石坝	35	1.00
3	土坝	3 254	93.10
4	堆石坝	32	0.91
5	其他	0	0
6	不详	162	4.64

从表 2-4 可以看出,已溃坝中土坝所占的比例超过 90%(据不完全统计,我国土石坝数量占到大坝总数的 93.10%)。土坝中各种坝型已溃坝数和百分比如表 2-5 所示。

表 2-5　土坝中各坝型溃坝比例

序号	土石坝型	溃坝数/座	百分比/%
1	均质土坝	3 003	92.29
2	黏土斜墙坝	11	0.34
3	黏土心墙坝	183	5.62
4	土石混合坝	19	0.58
5	其他	2	0.06
6	不详	36	1.11

2.3.2　水库大坝破坏模式分析

由于不同坝型的筑坝材料及保持坝体稳定的力学形式不同,不同类型水库大坝的破坏模式也存在明显差异。麻荣永和谷艳昌等分别分析了土石坝和混凝土坝的破坏模式,如表 2-6~表 2-8 所示。

表 2-6 土石坝破坏模式分析

机制	原因	破坏模式
防洪能力 不足	1. 超标准洪水； 2. 溢洪道设计泄流能力不足或无溢洪道； 3. 溢洪道堵塞； 4. 上游水库溃坝洪水； 5. 近坝库岸滑塌	1. 漫顶； 2. 溢洪道冲毁
地震	1. 基础液化； 2. 坝体纵向或横向裂缝	1. 坝体滑动； 2. 漏水通道； 3. 坝体局部失稳
质量问题	1. 坝体渗漏； 2. 坝体滑坡； 3. 基础渗漏； 4. 溢洪道渗漏或其他质量问题； 5. 输水洞渗漏或其他质量问题	1. 管涌； 2. 接触冲刷
管理不当	1. 超蓄洪水； 2. 维护运用不良； 3. 溢洪道筑埝未及时拆除； 4. 无人管理	漫顶

表 2-7 混凝土重力坝破坏模式分析

机制	原因	破坏模式
防洪能力 不足	1. 超标准洪水； 2. 溢洪道设计泄流能力不足； 3. 溢洪道淤堵或被填塞,过流能力下降； 4. 闸门槽卡死,水闸无法正常启闭； 5. 启闭系统故障	1. 漫坝； 2. 坝体开裂； 3. 溢洪道冲毁
地震	1. 地基断层或软弱夹层开裂； 2. 坝段分缝裂缝错位,止水破坏； 3. 坝顶或廊道部位应力超限	1. 坝基滑动失稳； 2. 分缝开裂漏水； 3. 坝顶、廊道等薄弱部位开裂
基岩破坏	1. 基岩软弱面材料压碎或拉裂； 2. 基岩软弱夹层受高压渗流冲蚀、溶蚀破坏； 3. 地基深部断层或软弱夹层未能及时发现和处理	1. 坝体滑动失稳； 2. 坝体倾覆破坏
坝体应力 超限	1. 坝体(坝踵、坝趾)应力超限； 2. 坝体浇筑时稳控措施不当,温度应力超限	1. 坝体靠近基础部位出现裂缝； 2. 坝体出现温度裂缝
扬压力异常	1. 防渗帷幕设计不当； 2. 防渗帷幕施工质量问题； 3. 防渗帷幕冲蚀破坏； 4. 排水孔淤堵	1. 沿坝基面向下游滑动失稳； 2. 岸坡坝段滑动失稳； 3. 坝体倾覆

表 2-8　混凝土拱坝破坏模式分析

机制	原因	破坏模式
防洪能力不足	1. 超标准洪水； 2. 溢洪道设计泄流能力不足； 3. 溢洪道被杂物堵塞,泄流能力下降； 4. 闸门槽卡死； 5. 启闭系统故障,闸门操作失灵	1. 漫顶； 2. 溢洪道冲毁
地震	1. 坝体及附属结构物拉压应力超限； 2. 岸坡失稳； 3. 基础软弱夹层和断层开裂	1. 坝体开裂； 2. 进水塔、引水洞、溢洪道等结构破坏； 3. 拱座坍塌
坝体应力超限	1. 封拱温度偏高； 2. 环境高温或低温叠加低水位运行	坝体开裂
坝体混凝土质量问题	1. 碱骨料反应； 2. 混凝土冻融剥蚀； 3. 分缝灌浆质量差； 4. 新老混凝土接合面质量问题	1. 坝体材料质量劣化,诱发溃坝； 2. 坝体开裂渗漏
扬压力增大	1. 坝基或坝肩岩体抗剪强度下降； 2. 岩体冲蚀、溶蚀破坏	1. 坝基失稳滑动； 2. 坝肩失稳滑动； 3. 坝体开裂渗漏
基岩破坏	1. 基岩塑性变形过大,应力破坏； 2. 岩体软弱夹层或断层未及时发现或处理不当	1. 坝体开裂； 2. 坝基或坝肩岩体开裂； 3. 坝体滑动失稳
岸坡坍塌	1. 上游库岸坍塌滑入水库； 2. 坝肩或下游侧岸坡坍塌	1. 漫顶； 2. 拱座失稳

2.4　国内外典型水库大坝溃坝案例分析

2.4.1　永安水库和新发水库大坝连溃

2.4.1.1　工程概况

永安水库位于内蒙古自治区呼伦贝尔市莫力达瓦旗境内诺敏河支流西瓦尔图河上。坝址下距西瓦尔图镇约 3.5 km,是一座以防洪、灌溉为主,兼具水产养殖、旅游功能的小(1)型水库,坝顶高程 252.20 m,防浪墙顶高程 253.30 m,水库总库容 800 万 m³。新发水库位于诺敏河支流坤密尔提河上,距上游永安水库约 13 km,大坝为混凝土心墙碾压均质土坝,坝顶高程 226.00 m,防浪墙顶高程 227.20 m,总库容 3 808 万 m³,为中型水库。永安水库和新发水库相对位置见图 2-2。

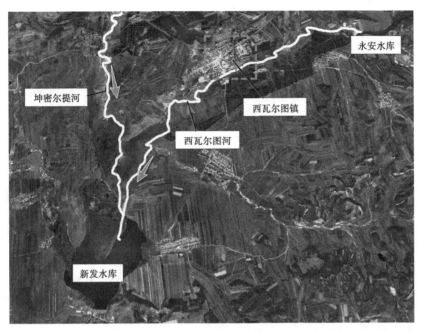

图 2-2　永安水库和新发水库的相对位置

2.4.1.2　溃坝过程

2021 年 7 月 17 日 08:00 至 18 日 14:00,内蒙古自治区呼伦贝尔市莫力达瓦旗境内遭遇暴雨到大暴雨,累积面平均降雨量 87 mm,莫力达瓦旗气象站测得最大点降雨量 223 mm。

永安水库溃坝:7 月 18 日 06:30,库水位上涨至 250.00 m 高程,超过溢洪道堰顶 0.50 m;09:30,库水位达到坝顶高程;10:50,水位超过防浪墙顶 0.10 m,全坝线开始溢流;12:00,水位达到 253.50 m,超过防浪墙顶 0.20 m,半小时后溢洪道与坝体连接段防浪墙被冲毁;13:07,大坝开始出现溃口;13:20,部分坝体被冲塌;14:50,溃口达到稳定状态。图 2-3 为溃坝前和溃坝后的永安水库。

(a)溃坝前

图 2-3　溃坝前和溃坝后的永安水库

(b)溃坝后

续图 2-3

新发水库溃坝：7 月 18 日 08：00，库水位上涨到 221.60 m，超过溢洪道堰顶 0.50 m；12：00，水位达到坝顶高程；14：00，水位达到防浪墙顶高程，全坝线开始溢流；15：05，库水位 227.50 m，超过防浪墙顶 0.30 m，部分坝体出现溃口；15：30，全线溃坝。图 2-4 为溃坝前和漫顶溢流中的新发水库。

(a)溃坝前

(b)漫顶溢流中

图 2-4 溃坝前和漫顶溢流中的新发水库

溃坝洪水导致约 4.7 万人受灾，农田受灾面积超过 88 万亩(1 亩 = 1/15 hm²，全书同)，冲毁桥梁 22 座，涵洞 124 道，公路 15.6 km、路肩 19 km。因当地提前紧急转移疏散民众到安全地点，故未造成人员伤亡。

2.4.1.3　溃坝原因

主要原因为强降雨引发的洪水。两座水库均为开敞式溢洪道，洪水强度远超水库最大下泄能力，导致最终因洪水漫顶而溃决。

2.4.2　板桥水库溃坝

2.4.2.1　工程概况

板桥水库位于河南省泌阳县，淮河支流汝河源头，水库以防洪为主，兼具发电和灌溉功能，控制流域面积 768 km²，工程于 1952 年竣工。1956 年扩建后，水库总库容 4.92 亿 m³。原主坝为重粉质黏土厚心墙砂砾壳坝，坝顶长 2 020 m，最大坝高 24.50 m，坝顶高程 116.34 m。主溢洪道 4 孔，每孔宽 10 m，最大泄量 450 m³/s；副溢洪道宽 300 m，基础为风化岩石的天然垭口，最大泄量 1 160 m³/s。1975 年 8 月 8 日溃坝失事，1978 年开始复建，1981 年停工缓建。1986 年板桥水库被列入国家"七五"重点工程项目，1987 年复建工程再次开工，1993 年 6 月通过国家竣工验收。

2.4.2.2　溃坝过程

1975 年 8 月 4～8 日，因受 3 号台风的影响，水库上游发生特大暴雨，流域 3 d 平均降雨量 1 035.4 mm，3 d 洪水总量 7.0 亿 m³，暴雨前库水位超过汛限水位 1.32 m，6 日主溢洪道才泄洪，后又因防止消力池冲刷，闸门并未全开。7 日 21:30，库水位与坝顶齐平。8 日 01:00，库水位涨至 117.94 m，相应库容 6.131 亿 m³，比千年校核库容 4.92 亿 m³ 多 1.211 亿 m³，超过防浪墙 0.30 m。01:30，原河床段决口，开始垮坝，水位骤降，1 h 最大降幅 4.16 m。02:57，最大溃坝流量 7.81 万 m³/s。截至 8 日 02:54，此次暴雨共形成洪量 7.01 亿 m³，加上原库容水量共计 8.46 亿 m³。07:00 水位降至 98.20 m，相应库容 0.047 亿 m³，09:00 降至 94.35 m，仅余水量 0.001 亿 m³。下泄洪水形成决口：上口宽 375 m，下口宽 210 m，坝后水潭深达 11 m。

溃坝时洪水夺汝河东下，沿汝河两岸宽 10 km、长 50 km 的农村遭受毁灭性灾害，将大坝下游平原地带的村庄、农田和各种设施冲得荡然无存，受灾人口 1 190 万，淹没农田 1 700 万亩，京广铁路中断 50 多 d。

图 2-5 为溃坝后的板桥水库。

2.4.2.3　溃坝原因

（1）防洪标准低。在设计时取的水文系列短，设计洪水偏小。1956 年扩建时，虽然增加了 5 年水文资料，设计洪水仍然偏小。

（2）管理不善。在"75·8"暴雨以前，河南省水利厅设计规划人员曾向上级做过书面报告，提出水库防洪标准低，建议加高大坝 0.9 m，以扩大防洪库容，但并未得到批准实施。平时也没有将消力池维修好，以致影响泄洪。

（3）超标准运行。水库运行不当，没有执行水库调度规则，暴雨前蓄水位超过汛限水位 1.32 m，挤占了防洪库容。

图 2-5　溃坝后的板桥水库

2.4.3　石漫滩水库溃坝

2.4.3.1　工程概况

石漫滩水库位于河南省平顶山舞钢市境内,大坝位于淮河上游洪河支流滚河上游,工程于 1952 年竣工。1955 年重新做洪水计算,并对工程进行扩建。大坝为粉质黏土均质坝,最大坝高 25 m,坝顶长 500 m,库容 0.92 亿 m³。石漫滩水库于 1993 年正式动工重建,重建大坝为全断面碾压混凝土重力坝,库容为 1.2 亿 m³,枢纽工程属二等,枢纽主要建筑物为 Ⅱ 级。水库泄水建筑物采用坝顶表孔溢流方式,最大泄量 3 927 m³/s。

2.4.3.2　溃坝过程

1975 年 8 月 4~8 日,因受 3 号台风影响,库区发生特大暴雨,3 d 降雨量达 1 074.5 mm。5 日第一次入库洪峰流量为 3 640 m³/s,23:00 第二次入库洪峰流量达 6 280 m³/s,为了保护下游田岗水库的安全,曾两次关闸限制泄洪流量。7 日 22:30,库水位与坝顶齐平,又加上其上游的元门水库溃坝,1 000 万 m³ 的水量泄入石漫滩水库。8 日 00:20,库水位升至 111.37 m,超过防浪墙顶 0.37 m 而溃坝,最大溃坝流量 20 000 m³/s,约 4 h 水库全部泄空。图 2-6 为石漫滩水库失事前后对比图。

2.4.3.3　溃坝原因

除与板桥水库溃坝原因相同外,还有梯级水库联合调度问题,为保下游田岗水库大坝的安全而两次限制下泄流量,又因上游元门水库溃坝而影响了石漫滩水库大坝的安全。

2.4.4　桑片-桑南内水电站工程 D 副坝溃坝

2.4.4.1　工程概况

桑片-桑南内(Xe Pian-Xe Namnoy)水利枢纽工程位于老挝东南部的波罗芬高原(Bolaven Plateau),跨越占巴塞(Champasak)和阿塔佩乌(Attapeu)两地。该工程由会马克

(a)失事前　　　　　　　　　　　　　　　　(b)失事后

图 2-6　石漫滩水库失事前后对比图

安(Houay Makchanh)、桑片(Xe Pian)和桑南内(Xe Namnoy)3 座主坝,5 座副坝,引水系统、输水系统及发电厂房组成,电站总装机容量 410 MW。该工程于 2013 年 11 月开始建设,业主为桑片-桑南内电力公司(Xe-Pian Xe-Namnoy Power Company,PNPC),是由韩国 SK 工程建设公司(持股 26%)、老挝国有控股企业(持股 24%)、泰国 Ratchaburi 发电控股公司(持股 25%)和韩国西部电力公司(持股 25%)4 家公司所组成的合资公司。

会马克安大坝为混凝土溢流坝,最大坝高 8.5 m,坝轴线长 814.5 m,水库控制流域面积 81 km²,通过引水渠引水至桑片水库。桑片大坝为混凝土重力坝与黏土心墙堆石坝的组合坝,最大坝高 47 m,坝轴线长 1 250.0 m,坝顶高程 799.5 m,正常蓄水位 791.90 m,水库总库容 2 872 万 m³,控制流域面积 217 km²,通过引水渠引水至桑南内水库。桑南内大坝为黏土心墙堆石坝,最大坝高 75.5 m,坝轴线长 1 430 m,坝顶高程 792.5 m,正常蓄水位 786.50 m,水库总库容 10.43 亿 m³,水库控制流域面积 522 km²,通过引水隧洞引水至发电厂房,尾水通过尾水渠注入桑空(Xe Kong)河。由于地势不均,桑南内水库西侧的部分山谷修建了 5 座副坝,以保持水不会从较低地势处流出,其中 D 副坝为黏土坝,坝高 16 m,坝轴线长 770 m,坝顶宽 8 m。

2.4.4.2　溃坝过程

2018 年 7 月 20~21 日,热带风暴"山神"过境老挝,导致强降雨。7 月 20 日,D 副坝中部出现 11 cm 左右的沉陷。22 日中午,已形成裂缝。22 日 17:00,承包商才开始对坝体情况进行巡查,此时水位距坝顶约 5 m,迎水面坝体裂缝已发展成错台,下游坝坡面也出现了明显的错台,坝顶裂缝不断加深。23 日 04:30,降雨停止,坝体已出现无法控制的坍塌,下游坝坡面向上抬升,坝体向内倾倒,出现了明显的滑动现象。11:46,坝顶大面积塌陷,下游面已开始渗水。桑片-桑南内电力公司移民安置部负责人 Lee Kang Yeol 向占巴塞省和阿塔佩乌省政府发出紧急告知函,指出库水已漫过 D 副坝顶,情况非常危急,要求紧急撤离下游居民。中午 12:00,当地政府下令下游居民进行撤离。14:36,坝顶出现更大决口,坝顶已几乎被水淹没。15:03,大坝渗漏已延伸至下游树丛间,不断有浑水渗出,表明滑裂面已穿越坝体,开始在坝基之下发展。17:24,D 副坝部分坝体坍塌,库水喷涌而下,向西汇入桑片河。24 日 09:04,D 副坝全面决堤,滑裂面已经延伸至基岩。D 副坝溃决总体下泄水量约 5 亿 m³,引发的洪水导致下游阿塔佩乌省 19 个村庄约 7 000 人受到影响,导致 49 人死亡和 22 人失踪,洪水向下游延伸越过边界进入柬埔寨,总估计 15 000 人受灾。D 副坝于 2019 年 6 月 19 日开始重建,同年 10 月 22 日完成土方施工。图 2-7 为溃坝后的 D 副坝。

图 2-7　溃坝后的 D 副坝

2.4.4.3　溃坝原因

溃坝的主要原因是地基缺陷而非暴雨。D 副坝地基主要由多孔玄武岩、深红土和风化沉积岩组成,调查结果显示:红土地基渗流引起的内部冲蚀破坏而引起坝体与坝基之间的滑动,是导致最终溃坝的关键因素。根据 D 副坝的初步设计方案,在坝体中线处的红土地基布置了 5 m 深的截水槽,并辅以 5 排的帷幕灌浆延伸至基岩表面;同时为了防止坝体下游坡面渗漏,在坝体下游处设置了 1 m 厚的排水垫层。但到了详细设计阶段,为了节省材料而赚取更多利润,截水槽和帷幕灌浆均被省略而未设置,理由是根据 2014 年红土土样的渗透试验结果,地基土的渗透性已经足够低,可以视作天然的防渗层。且在最终施工时,坝体下游位置的截排水措施进一步缩减,排水垫层厚度比最初减少 50 cm。溃坝后,事故调查方对残余坝体进行渗透试验,测出的渗透系数比 2014 年的结果高出 100 倍。在某些夹砂层或存在小孔洞的区域,渗透系数可能会更高。2014 年的试验结果是仅凭单个土样在实验室内试验得出的,而非现场试验,故无法准确反映现场土层的不均匀性。

2.4.5　伊登维尔大坝和桑福德大坝连溃

2.4.5.1　工程概况

伊登维尔(Edenville)大坝建成于 1924 年,为一座土坝,位于美国密歇根州(Michigan)中部的 Tittabawassee 河与 Tobacco 河的交汇处。大坝高 16 m,长 2 000 m,坝顶高程

207.9 m;水库流域面积为 2 414 km²,正常蓄水位 206.00 m,库容 4 930 万 m³,主要用于防洪和发电。库区为纪念 Edenville 大坝重要建造者 Frank Wixom 取名为 Wixom 湖,密歇根州 30 号公路(M-30)横跨整个库区。

桑福德(Sanford)大坝位于 Edenville 大坝下游约 16 km 处,其下游约 17 km 处为 Midland 县。大坝建成于 1925 年,坝高约 11 m,水头约 8 m,坝顶长约 481 m,水库流域面积 5.06 km²,正常蓄水位 192.00 m,对应库容为 1 070 万 m³。大坝主体包括土坝段和混凝土溢流坝段,土坝段位于右岸,溢流闸段位于左岸,由 6 孔液压启闭闸门控制。

2.4.5.2　溃坝过程

2020 年 5 月 16~18 日,48 h 内 Arenac、Gladwin、Iosco 和 Midland 县持续强降雨,局部地区降雨量达 150~200 mm。随后 5 月 18 日晚上到 19 日下午的持续降雨给位于 Tobacco 河上的 Chappel 和 Beaverton 大坝和 Tittabawassee 河上的 Secord、Smallwood、Edenville 和 Sanford 等大坝造成了额外的泄洪压力,由于持续降雨,加上泄水系统早已饱和,Tittabawassee 河许多区域已超过洪水位。

2020 年 5 月 19 日 17:30 左右,Edenville 大坝部分坝体被冲垮,形成约 274 m 宽的缺口,造成库水失控,急速冲向下游 Edenville 镇和 Sanford 大坝。上游倾泄而下的洪水导致 Sanford 大坝库水位在两小时内快速抬升,19:45 左右,Sanford 大坝因洪水漫顶而溃坝。两座大坝连溃产生的洪水沿着早已过度泛滥的 Tittabawassee 河奔涌而下。5 月 20 日中午,Tittabawassee 河在 Midland 镇达到最高水深约 10.7 m。

溃坝洪水导致超过 11 000 人撤离,超过 2 500 座建筑物损毁,没有重大人员伤亡,经济损失超过 2.5 亿美元。

图 2-8、图 2-9 分别为 Edenville 大坝和 Sanford 大坝失事前后对比图。

(a)失事前　　　　　　　　　　　　　　(b)失事后

图 2-8　Edenville 大坝失事前后对比图

2.4.5.3　溃坝原因

(1)极端降水。Tittabawassee 河流域所能承受的降雨条件为 200 年一遇,而引发此次洪水的降雨为 500 年一遇。

(2)Edenville 大坝泄洪能力不足。Edenville 和 Sanford 大坝均归私人所有,隶属 Boyce Hydro 公司。自 2005 年至 2009 年,联邦能源管理委员会(Federal Energy Regulatory Commission,FERC)多次要求 Boyce Hydro 公司提高溢洪道泄流能力,以满足可能的最大

(a)失事前　　　　　　　　　　　　　　　　(b) 失事后

图 2-9　Sanford 大坝失事前后对比图

洪水要求,Boyce Hydro 公司承诺从 2010 年开始,在 3 年内对 Edenville 大坝溢洪道进行维修和升级,但其并没有履行该职责。2016 年 1 月,Boyce Hydro 所有者 Lee Mueller 公开表明不会支付 83 000 美元的 Sanford 大坝维修工程费用,他认为应由从大坝受益的相关业主和企业支付。2017 年 6 月,FERC 再次要求 Boyce Hydro 提升 Edenville 大坝的溢洪道泄流能力。2018 年 9 月,FERC 撤销了 Edenville 大坝的发电许可证,自此 Edenville 大坝的管辖权转移给密歇根州环境、五大湖及能源部(Michigan Department of Environment, Great Lakes, and Energy,EGLE)。同年 10 月,尽管 Edenville 大坝的发电许可证被撤销,EGLE 仍将其等级评为中等。2019 年 1 月,Boyce Hydro 向州政府提交了一封他们工程师的签名信,表明大坝确实满足了溢洪道的泄流能力要求。随后,Boyce Hydro 将库水位提高到夏季正常蓄水位[其后续调查表明是受到 Wixom 湖居民、EGLE 及密歇根州自然资源部(Michigan Department of Natural Resources)的压力才提升水位]。同年 9 月,Boyce Hydro 向 EGLE 申请将库水位降低约 2.4 m;11 月,Boyce Hydro 在申请未获批准的情况下开始降低水位,随后 EGLE 因考虑到潜在的生态影响而拒绝了该许可。2020 年 2 月,EGLE 向 Boyce Hydro 颁发特定维修许可证,让 Boyce Hydro 对 Edenville 大坝的溢洪道进行维修,但该许可并未授权对 Wixom 湖的水位进行调整,并对先前的私降水位行为进行了控诉。后续的 2020 年 3~5 月,Boyce Hydro 一直寻求降低水位,但均因可能的生态影响而被否决。直到 2020 年 5 月 15 日,为应对即将到来的暴风雨,Boyce Hydro 开始降低 Edenville 和 Sanford 大坝的库水位。

2.4.6　Swar Chaung 水库大坝失事

　　Swar Chaung 水库位于缅甸 Bago 地区的 Yedashe 镇,于 2001 年左右建造。2018 年 8 月 27 日,受暴雨影响,库水位超过 Swar Chaung 大坝的溢洪道顶开始溢流,8 月 29 日 05:30 左右,因溢洪道被冲塌而出现溃口。洪水造成约 78 500 人受灾,约 3 600 亩农田被完全摧毁,总计超过 36 万亩农田被淹,85 个村庄被洪水侵袭,4 人死亡,2 人失踪,受影响地区主要为 Yedashe、Taungoo、Oktwin 和 Kyaut Kyi 四地。

　　图 2-10 为 Swar Chaung 水库 2016 年 12 月和 2019 年 10 月卫星图像对比。

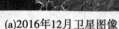

(a)2016年12月卫星图像　　　　　　　　　　(b)2019年10月卫星图像

图 2-10　Swar Chaung 水库 2016 年 12 月和 2019 年 10 月卫星图像对比

2.4.7　瓦依昂拱坝失事

2.4.7.1　工程概况

瓦依昂拱坝(Vajont Dam,意大利语:Diga del Vajont)位于意大利东北部 Longarone 上游 Piave 河支流 Vajont 河上,坝址处河谷深而狭窄。大坝主体为双曲薄拱坝,高约 262 m,坝顶宽约 3.4 m,坝底宽约 22.3 m,坝顶长约 190 m,坝顶设置 16 个闸门,发电厂房设置于地下。主体工程于 1957 年 7 月开始建设,1960 年 2 月开始蓄水,9 月大坝正式建成,正常蓄水位 722.50 m,设计库容为 1.7 亿 m^3。

2.4.7.2　失事过程

水库自建成后一直在蓄水,1960 年 11 月 4 日,库水位达到 645.00 m,约 76.5 m^3 山石滑坡进入水库,造成约 2.1 m 高的涌浪漫过坝顶。同年从 11 月至 12 月,水位降低到 600.00 m。此次滑坡之后,进行了水力模型试验,并安装了勘探井和压力计,以监测山体状况。1963 年 10 月 9 日晚上,在前段时间持续降雨的影响下,库水位达到 700.40 m,对应库容约 1.34 亿 m^3。当晚约 1.9 km 宽、1.6 km 高的山体在不到 45 s 内倾泄而下滑入水库,造成涌浪超过坝顶约 100 m,约 2 467 万 m^3 的库水冲向下游,在坝趾下游约 1.6 km 处的 Vajont 河口洪水深度达 70 m。滑坡约 4 min 后,洪水在晚上 10:43 左右抵达 Longarone 镇,几乎将该镇夷为平地。涌浪到达坝址之前,产生了巨大的空气冲击波,冲击波和水浪的破坏力极强,地下厂房的工字梁扭曲后被剪断,调压室钢门被推出达 12 m。当时在左岸管理大楼内的 20 多名技术人员,在右岸办公室和旅馆的 40 人,除有 1 人幸存外,其余全部死亡。洪水造成下游 Longarone、Pirago、Rivalta、Villanova 和 Fae 五个城镇被摧毁,共造成 1 952 人死亡。

滑坡及涌浪对拱坝形成约 400 万 t 的推力,由于坝体设计安全余量较大,施工质量较好,而且两岸坝肩均经过锚固和灌浆处理,拱坝经受住了巨大荷载的冲击,除左坝肩顶混凝土被冲坏一段(破坏深度达 1.5 m,长 9 m)外,基本未受严重破坏。

图 2-11 为大坝主体完好及被滑坡大半填满的瓦伊昂水库。

2.4.7.3　失事原因

瓦依昂拱坝失事的人为因素主要在于工程施工前没有查明库区岸坡的稳定性;没有对水库蓄水后库区地质条件的改变做出评估;在工程施工期和蓄水之后,未对岩体的位移和地下水位进行全面观测和认真研究;钻孔和探洞数量少,深度不够,影响到对滑坡范围

(a)大坝主体完好　　　　　　　(b)被滑坡大半填满

图 2-11　大坝主体完好及被滑坡大半填满的瓦伊昂水库

和特性的正确了解。

值得注意的是,岸坡有限的变形、测压管测值均反映有测值累计增加和速率激增现象,如引起重视,可有效预警。

2.4.8　圣佛兰西斯坝溃坝

2.4.8.1　工程概况

圣佛兰西斯坝(St. Francis Dam)位于美国加利福尼亚州洛杉矶市西北约 64.4 km 处,水库主要为洛杉矶市供水,大坝主体为混凝土重力拱坝。坝高约 62.5 m,顶宽 5 m,底宽 53.4 m,库容 4 700 万 m^3。总体工程于 1924 年 4 月开工,1926 年 5 月建成。

2.4.8.2　溃坝过程

大坝于 1928 年 3 月 12 日 23:37 突然溃决,下泄洪水席卷了 San Francisquito 峡谷,初始洪水高度达到约 42.7 m,约 5 min 后,坝趾下游约 2.2 km 处的 2 号发电厂房被冲毁,约 70 min 内库水全部泄出,造成至少约 432 人死亡,是 20 世纪美国最严重的土木工程灾难之一。

图 2-12 为圣佛兰西斯坝失事前后对比图。

2.4.8.3　溃坝原因

圣佛兰西斯坝的坝基由云母片岩(左岸,约占 2/3)和红色砾岩(右岸,约占 1/3)两种岩层组成,其接触部分为一断层,大坝横跨于断层上,右岸地基的红色砾岩有遇水软化崩解的特性。大坝未设齿墙,也未进行基础灌浆。关于圣佛兰西斯坝的溃决原因,事故陪审团的裁决报告结论认为:圣佛兰西斯坝的溃决并非由于坝的断面设计错误或所用筑坝材料的缺陷,而是由于地基岩层被破坏。坝基岩石质量差,而大坝的设计未能和地基条件相适应,是造成此次事故的全部或部分原因。

图 2-12　圣佛兰西斯坝失事前后对比图

第 3 章　水库大坝风险概率分析

风险概率即某一风险事件发生的可能性。随着我国水库大坝建设和管理水平的不断提高,大坝管理理念和方式也逐渐从大坝安全鉴定等传统的安全管理方法向风险管理转变。传统的安全管理一般采用大坝安全鉴定的方式,对大坝的工作性态和运行管理进行综合评价和鉴定,在反映大坝破坏的可能性及实际风险水平方面存在一定不足。风险概率分析作为大坝风险管理工作中的重要环节,通过分析实际工程资料,对工程项目中可能出现的风险因素进行辨识和分析,进而采用数学方法来计算大坝的局部破坏概率或整体失事概率,其评估结果对于风险防控措施的制定具有重要意义,是工程建设与管理的客观需求。

3.1　水库大坝安全鉴定与安全评价

大坝安全鉴定是大坝安全管理工作的重要方式之一。我国水利部门于 20 世纪 80 年代始开展了病险水库大坝鉴定的相关工作。在前期大坝安全评价经验总结基础上,我国 2000 年颁布了《水库大坝安全评价导则》(SL 258—2000)作为水库大坝安全鉴定的配套技术标准,并从 2003 年 8 月 1 日起施行由水利部修订颁布的《水库大坝安全鉴定办法》。该办法规定水库大坝包括永久性挡水建筑物,以及与其配合运用的泄洪、输水和过船等建筑物,事关重大,危险性高,在日常运行管理上必须保证其安全。该鉴定办法适用范围为坝高 15 m 以上或库容 100 万 m³ 以上水库的大坝。

为满足新时期水库大坝管理的需要,水利部于 2017 年发布的《水库大坝安全评价导则》(SL 258—2017),并于 2021 年印发了《坝高小于 15 米的小(2)型水库大坝安全鉴定办法(试行)》。

大坝安全鉴定的基本程序:鉴定组织单位委托→鉴定承担单位分析评价→鉴定审定部门或其委托机构审查→鉴定审定部门审定→印发大坝安全鉴定报告书。

根据《水库大坝安全鉴定办法》和《水库大坝安全评价导则》(SL 258—2017),大坝安全状况分为三类:

一类坝:实际抗御洪水标准达到防洪标准规定,水库大坝工作状态正常;工程无重大质量问题,按照设计标准正常运行的大坝。

二类坝:实际抗御洪水标准不低于部颁水利枢纽工程除险加固近期非常运用洪水标准,但达不到防洪标准规定,水库大坝工作状态基本正常;在一定控制运用条件下能安全运行的大坝。

三类坝:实际抗御洪水标准达不到部颁水利枢纽工程除险加固近期非常运用洪水标准,或者工程存在较严重的渗流破坏、结构稳定、施工缺陷等质量隐患问题,影响水库大坝安全,不能正常运行的大坝。

大坝安全鉴定中常常存在基础资料薄弱的现象,是导致鉴定工作质量不高的根本原因。为此,安全评价工作中应重视基础资料的收集和现场检查判断,重视基础资料的获取与考证,重视人力与物力的投入,保证工作量满足需要。评价工作要理论联系实际,透过现象抓住主要矛盾和关键性问题,并做到相互验证。此外,大坝安全鉴定工作主要是对大坝安全状况进行宏观上的类别划分,为有效反映大坝整体或局部破坏的可能性,需要进行更为细致的风险概率分析来体现大坝实际风险状况。

3.2　水库大坝风险因素辨识

风险识别又称风险辨识,是指在风险事件发生之前运用各种方法对可能导致风险事件发生的各类因子进行辨认和鉴别,是构建风险评价指标体系、合理进行风险评价与风险管理的基础和关键。

水利工程风险识别往往是通过风险调查、专家咨询等方式,在对工程风险进行多维分解的过程中认识工程风险并建立相应的指标体系。当研究对象及分析过程较为复杂时,可通过多种方法进行风险因素辨识,进而为风险概率计算奠定基础。常用的方法主要有专家调查法、检查表法、幕景分析法、WBS-RBS法和霍尔三维结构等,在实际应用中常根据项目需要综合运用多种方法。此外,为使结果更加科学合理,在风险因素辨识的过程中,应遵循"静态与动态相结合""局部与整体相结合""主观与客观相结合"以及"定性与定量相结合"等原则。

3.2.1　专家调查法

专家调查法是将专家作为索取信息的对象,依靠专家的知识和经验,由专家通过调查研究对问题做出判断、评估和预测的一种方法,可分为德尔菲法和头脑风暴法。德尔菲法主要用于技术预测、政策制定、经营管理、方案评估等,大多采用编制调查表的方式,把调查表分发给受邀参加预测的专家,专家之间互不见面和联系,不受任何干扰独立地对调查表所提问题发表自己的意见;头脑风暴法又叫畅谈法、集思法,主要用于对战略性问题的探索,一般采用"圆桌会议"的形式,进行即兴发言。专家调查法的优点是可以最大限度地发挥专家个人的能力,局限性在于容易受到权威和大多数人意见影响,主观性较强。

3.2.2　检查表法

检查表(checklist)是管理中用来记录和整理数据的常用工具。用它进行风险识别时,将项目可能发生的许多潜在风险列于一个表上,供识别人员进行检查核对,用来判别某项目是否存在表中所列或类似的风险。检查表中所列都是历史上类似项目曾发生过的风险,是项目风险管理经验的结晶。其优点在于可以充分利用已有经验,且对分析人员专业素质要求相对较低;但缺点在于过于依赖已发生事件,不能反映研究对象的个性特点。

3.2.3 幕景分析法

幕景分析法是一种能识别关键因素及其影响的方法。一个幕景就是一项事业或组织未来某种状态的描述,可以在计算机上计算和显示,也可用图表曲线等简述。幕景分析的结果大致分两类:一类是对未来某种状态的描述;另一类是描述一个发展过程,以及未来若干年某种情况一系列的变化。它可以向决策者提供未来某种机会带来最好的、最可能发生的和最坏的前景,还可能详细给出 3 种不同情况下可能发生的事件和风险。幕景分析法所分析的重点是当引发风险的条件和因素发生变化时,会产生什么样的风险,导致什么样的后果等。幕景分析法既注意描述未来的状态,又注重描述未来某种情况发展变化的过程。

3.2.4 WBS-RBS 法

WBS-RBS 是一种广泛应用于风险分析的方法,已在较多实际工程的风险评价中得到了应用,由 WBS 和 RBS 两部分构成。WBS(工作分解结构,work breakdown structure)是从全局出发,将一个整体项目分解成若干个相互独立、易于描述的作业单元,可以深入了解和牢牢把握项目实施的具体细节。项目分解的方法比较灵活,可以从实施过程、空间位置、功能或要素等方面入手进行分解。RBS(风险分解结构,risk breakdown structure)是将工程实施过程中可能遇到的风险逐层分解,从而得到不同层次的子风险。

以土石坝施工为例,文献[23]结合土石坝施工的特点及实际工程经验,进行土石坝施工 WBS 分解和 RBS 分解,分别如图 3-1 和图 3-2 所示。

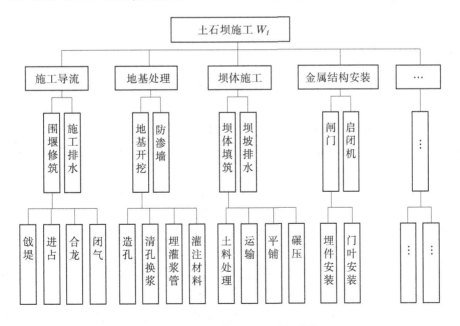

图 3-1 土石坝施工 WBS 分解结构

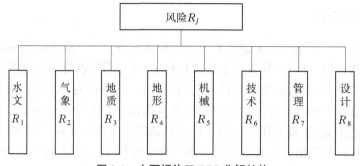

图 3-2　土石坝施工 RBS 分解结构

根据建立的 WBS 分解结构和 RBS 分解结构,可构造 WBS – RBS 风险判断矩阵,如式(3-1)所示。

$$A = \begin{bmatrix} a_{11} & a_{12} & \cdots & a_{1j} & \cdots & a_{1n} \\ a_{21} & a_{22} & \cdots & a_{2j} & \cdots & a_{2n} \\ \vdots & \vdots & & \vdots & & \vdots \\ a_{i1} & a_{i2} & \cdots & a_{ij} & \cdots & a_{in} \\ \vdots & \vdots & & \vdots & & \vdots \\ a_{n1} & a_{n2} & \cdots & a_{nj} & \cdots & a_{nn} \end{bmatrix} \tag{3-1}$$

式中: a_{ij} 为某个具体风险, i 为工作序号, j 为风险因素序号,若 i 工作中无 j 风险因素,则 $a_{ij}=0$,反之, $a_{ij}=1$ 。

3.2.5　霍尔三维结构

霍尔三维结构是美国系统工程专家霍尔于 1969 年提出的一种系统工程方法论,该理论可系统和动态地从知识维、逻辑维和时间维角度分析项目风险。仍以土石坝施工风险因素辨识为例,综合考虑各种不确定因素对安全、质量、进度和成本等建设目标顺利实现的影响,进行霍尔三维结构分析。

(1)知识维角度:土石坝风险识别知识常来源于坝工学、水文学、系统工程学等理论。

(2)逻辑维角度:土石坝施工的工程建设目标风险主要集中在安全、质量、进度和成本 4 个方面。

(3)时间维角度:土石坝的施工有着较为清晰的阶段划分,从导流角度可分为初期导流(围堰挡水阶段)、中期导流(未完建坝体开始挡水至最后一批导流建筑物下闸封堵)和后期导流(最后一批导流建筑物下闸封堵至枢纽的其他建筑物全部建成并投入运营)3 个阶段。

文献[22]基于霍尔三维结构,对土石坝施工期风险因子进行动态识别,如图 3-3 所示。

在实际工程中,常根据项目特点,将上述两种或者多种方法综合应用,以保证风险因素识别结果的全面性和准确性。

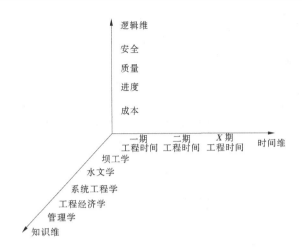

图 3-3　基于霍尔三维结构的土石坝施工风险因素辨识

3.3　水库大坝风险概率计算

随着我国大坝风险管理工作的不断推进,用于确定风险概率的数学方法也越来越丰富,总体上可分为绝对性评估和相对性评价。绝对性评估的特点是分析结果具有通用性,不受具体评估方法的限制,不同方法所得概率值可直接进行比较;相对性评价方法则不能直接表征概率,其评价结果只能与该方法计算出来的分析值进行对比得到。

3.3.1　风险概率绝对性评估方法

目前,可用于风险概率计算的绝对性评估方法主要分为三类:一是历史资料统计法,即根据已有溃坝资料,分析推断类似事件发生的概率;二是专家经验法,即根据专家判断直接给出导致溃坝的某个环节的概率值;三是根据可靠度方法,依据详细的统计数据和监测资料,计算相应的风险概率。在风险分析初级阶段,前两种方法简单实用,但缺点是过于依赖历史数据和专家主观判断。在实际工程中,根据试验数据和观测资料,结合可靠度理论详细分析大坝的破坏概率更为客观合理。

3.3.1.1　历史资料统计法

所谓历史资料统计法,是根据历史上发生过类似事件的概率,来确定将来发生该事件的可能性。在我国长期的工程建设过程中,相关部门统计了大量的事故原因及相应的数据资料,为新时期的水利工程建设和风险防控提供了丰富的参考。

对历史资料进行深入分析,将会有助于对水库大坝的溃决模式和可能性进行进一步认识。然而,水利工程的破坏和失事路径具有偶然性,不同工程之间缺少直接可比性,建筑物风险事件的发生概率在不同工况下也不尽相同,仅可作为统计分析的依据和风险概率计算的参考。在实际运用中应注意与现有工程资料及专家知识相结合,并针对具体问题进行具体分析。

3.3.1.2　重现期法

所有风险计算方法中,重现期法是水文学家和水工工程师最熟悉的方法,它仅考虑自然事件,如洪水或降水等因素的随机性,并通过频率分析说明其统计特性。重现期 T 定义为水工建筑物的荷载 L 出现等于或大于某特定抗力值 S_0 的平均间隔长度。如果 T 以年为单位,则任一年内出现荷载 L 等于或大于抗力 S_0 的概率如式(3-2)所示。

$$P(L \geqslant S_0) = \frac{1}{T} \tag{3-2}$$

在风险计算中,L 通常为连续型随机变量,因此 $P(L = S_0) = 0$,如果把水文风险定义为任一年 L 大于 S_0 的概率,则年未失事的概率如式(3-3)所示。

$$P(L < S_0) = 1 - \frac{1}{T} \tag{3-3}$$

因此,在 n 年内至少失事一次的风险如式(3-3)所示。

$$R_n = P_n(L \geqslant S_0) = 1 - \left(1 - \frac{1}{T}\right)^n \tag{3-4}$$

重现期法计算很简单,但有其严重缺点:一是假定随机变量 L 在年际间相互独立;二是没有考虑荷载和抗力随时间的变化。另外,重现期是根据有限的历史资料统计和外延推得的,其精度受资料长度和质量的影响很大。因此,用这种方法估算复杂系统的总风险是不适当的,但可作为风险概率拟定的参考。

3.3.1.3 专家经验法

由于环境因素、人为因素、模型和参数均具有不确定性,采用纯理论方法计算风险概率的困难很大,因此人们转而采用基于专家经验的定性和半定量方法来计算风险概率。专家经验法即邀请本行业的专家结合自身经验通过构造相应的定性与定量表述的转换,将专家对某一事件或某一环节可能出现的定性判断反映为相应的数值描述,国际上已有几种常用的定性与定量转换表,如表3-1和表3-2所示。

表 3-1　美国垦务局(USBR)概率转换表

定性描述	发生概率	定性描述	发生概率
绝对肯定	0.999	不可能	0.1
非常可能	0.99	非常不可能	0.01
可能	0.9	绝对不可能	0.001
两者都可能	0.5		

表 3-2　联合国气候委员会(IPCC)概率转换表

概率范围	语言表述	概率范围	语言表述
(0,1%]	几乎不可能发生	(66%,90%]	较大可能发生
(1%,10%]	很小可能发生	(90%,99%]	很大可能发生
(10%,33%]	较小可能发生	(99%,100%)	肯定发生
(33%,66%]	中等可能发生		

需要注意的是,采用上述专家经验法计算得到的风险概率并不是代表真正的概率值,仅可作为水库调度运用、维修养护、除险加固、降等报废等决策依据。鉴于溃坝概率的数值范围为 $10^{-5} \sim 10^{-4}$,故在进行上述定量转换时,应根据实际需要进行适当调整或乘以相应的折算系数。为尽量减少人为因素的影响,在对群坝开展风险评估时,应尽量由同一批经验相当的专家完成。此外,还可将专家经验与相关的数学模型相结合来降低主观性。

3.3.1.4　事件树、故障树方法

当研究对象或分析过程较为复杂时,往往需要借助于相关数学模型进行实际分析与计算。事件树又称事故树,是一种运用归纳推理的定性和定量风险分析模型,一般按事故发展的时间顺序,由初始事件开始,根据事件后果的两种完全对立状态,逐步向事故推导,直至分析出原因。对于风险概率分析而言,首先应当确定可能的荷载,这些荷载出现的概率不同。在某一荷载作用下,画出完整事件的整个过程,并对每一基本事件的发生赋予一定的概率,进而可得到这一荷载作用下这种路径发生风险的概率。

图 3-4 为某土石坝由于坝基管涌导致溃坝的事件树,其中"坝基管涌"为初始引发事件,"未发生""未发展""未溃坝""溃坝"均为结果事件,其余均为中间节点事件。

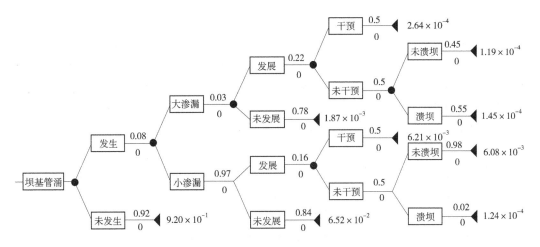

图 3-4　坝基管涌导致溃坝事件树模型

故障树的模型结构与事件树较为相近,从可能发生或已发生的故障开始,层层分析其发生的原因,分析到不能分解为止,并将导致故障的原因按因果逻辑关系逐层列出,然后通过对模型的简化、计算,找出事件发生的各种可能路径和发生的概率。如针对土石坝溃决,可建立如图 3-5 所示的故障树模型。

在采用事件树或故障树方法确定溃坝风险概率时,有以下 3 个关键问题需要解决:

(1)需要借助专家经验及工程资料确定大坝的可能溃决途径。

(2)需要明确各种可能出现的荷载及其频率。

(3)需要确定各种工况下每种溃决发展过程的发生概率,一般由专家根据经验予以评价和赋值,具有较大的主观性和不确定性,也可通过与其他方法相结合来进一步提高风险评估的准确性。

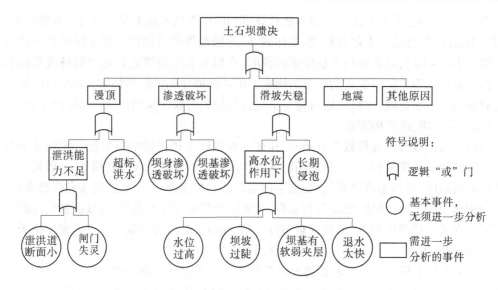

图 3-5　土石坝溃决故障树模型

3.3.1.5　安全系数分析法

当前,我国水电工程设计与建设的安全控制标准采用基于工程经验的安全系数法,如当核算的目标是抗滑稳定时,通常采用抗力除以作用的数值,即定义为安全系数;当核算的对象是应力时,采用核算点的应力与允许值的比值,即定义为安全系数。为防止结构或构件破坏,受力部分理论上能够担负的力必须大于其实际上担负的力,故要求其安全系数大于1。安全系数法广泛应用于各种工程领域,用来弥补工程人员的知识不足和自然现象中的不确定性和随机性。

安全系数在计算中,作用和抗力一般使用代表值或标准值,故可看作是确定性模型,该方法本身明显具有未考虑材料变异、设计中的作用及作用组合等不确定性因素的特点。水利水电行业中认识到这一问题,采用了分项安全系数法,在一定程度上考虑材料、作用等方面的不确定性因素,分项系数的取值与标定对工程的安全控制标准有决定性的作用。此外,安全系数法在实际运用中主要存在以下缺陷:首先,安全系数往往是根据经验粗略确定的数值,进而影响了结构设计的精度。其次,安全系数不能作为度量结构可靠度的统一尺度。理论和实践证明安全系数的大小只能反映同一类型的某种受力状态下结构的安全度,不同类型的结构或不同受力状态的同一结构,即使安全系数相同,也不能认为具有相同的安全度;此外,加大结构的安全系数,不一定能按比例增加结构的安全度。

尽管安全系数法具有以上局限性,但其仍然是早期工程设计定量计算采用的一种重要方法,现行的众多安全控制标准也是建立在传统的安全系数方法的基础之上。风险概率的分析计算也可以安全系数为基础,根据其定义,可将风险概率表示为安全系数小于1的概率。

3.3.1.6　可靠度方法

可靠度为结构在规定的时间内,在规定的条件下,完成预定功能的概率。可靠度摒弃了传统安全系数因果对应的确定性概念,承认一因多果的事实,更加符合风险管理的内涵。描述可靠度的指标通常有三类:安全概率 P_r、失效概率 P_f 和可靠指标 β,三者具有一一对应的关系。其中,$P_r + P_f = 1$。失效概率可直接作为风险概率的取值。

设工程的可靠度受 n 个随机变量的影响,其功能函数可表达为式(3-5)的形式。

$$Z = g(x_1, x_2, \cdots, x_n) \tag{3-5}$$

式中:Z 为功能函数[当 $Z>0$ 时,工程处于可靠状态;当 $Z=0$ 时,工程处于极限状态(极限状态方程);当 $Z<0$ 时,工程处于失效状态];x_i 为工程上的作用效应、性能等基本变量。

功能函数小于 0 的概率($Z<0$)称为该工程的失效概率 P_f。假定在水利水电工程设计中的随机变量(荷载效应 S、抗力 R)均服从正态分布,且极限状态方程为线性关系,则 P_f 可表示为图 3-6 中阴影部分的面积($\bar{z}$ 为随机变量 z 的均值)。

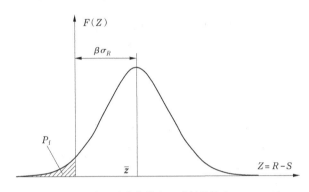

图中:S 为荷载效应;R 为结构抗力。

图 3-6　失效概率 P_f

根据失效概率的定义,当 $Z<0$ 时:

$$P_f = \iint \cdots \int f_z(x_1, x_2, \cdots, x_n) \, dx_1 dx_2, \cdots, dx_n \tag{3-6}$$

式中:$f_z(x_1, x_2, \cdots, x_n)$ 为 Z 的概率密度函数。

当 Z 为正态分布的随机变量时,可直接由 Z 的统计量确定,即:

$$P_f = \Phi\left(-\frac{\bar{Z}}{\sigma_Z}\right) \tag{3-7}$$

定义可靠指标 β:

$$\beta = \frac{\bar{Z}}{\sigma_Z} \tag{3-8}$$

则有:

$$P_f = \Phi(-\beta) \tag{3-9}$$

工程的安全概率与可靠指标之间的关系可表达为式(3-10)。

$$P_r = 1 - P_f = 1 - \Phi(-\beta) = \Phi(\beta) \tag{3-10}$$

由式(3-10)可知:工程的安全概率随 β 的增大而增大,而风险概率可表示为工程"不安全"的概率,也即"不可靠"的概率,可通过可靠度或可靠指标来反映。基于可靠度理论常用的风险概率计算方法有蒙特卡洛法、均值一次二阶矩法和改进的一次二阶矩法等。

1. 蒙特卡罗法(Monte-Carlo Method)

蒙特卡罗法采用计算机对随机变量进行模拟,而后代入功能函数中,认为计算得到的频率值逼近于概率值。由于计算时不必对功能函数近似处理,计算误差也可通过模拟次数的提高而降低,因此在结构可靠度计算中被认为是一种相对精确的方法。具体计算原理如下:

首先用随机抽样法,根据各随机变量的统计分布类型及均值方差分别获得 N 组抽样值;然后计算每组抽样变量对应的功能函数 Z_i 的值(i 从 1 到 N),并记录 $Z_i < 0$ 的次数为 n_f。根据伯努利大数定理,可表示为式(3-11):

$$\lim_{N \to \infty} P\left(\left| \frac{n_f}{N} - P_f \right| < \varepsilon \right) = 1 \tag{3-11}$$

当抽样次数 N 足够大时,抽样结果的频率值收敛于概率值 P_f,因此可认为事件出现的频率对应于概率值。结构失效概率 P_f 如式(3-12)所示。

$$P_f \approx \frac{n_f}{N} \tag{3-12}$$

蒙特卡罗法规避了风险率计算方法中的求导、迭代等复杂运算,适用于随机变量不服从正态分布的情况。在进行风险概率分析与计算时,可以根据统计数据获取随机变量分布,只要分布函数确定,蒙特卡罗法均具有较好的计算精度和适用性。

2. 均值一次二阶矩法

均值一次二阶矩法利用泰勒级数确定功能函数的平均值和标准差,进而求解可靠指标。具体计算步骤如下。

将功能函数 Z 在随机变量的平均值处作泰勒级数展开并保留至一次项,如式(3-13)所示:

$$Z_L = g(\mu_{X_1}, \mu_{X_2}, \cdots, \mu_{X_n}) + \sum_{i=1}^{n} \left(\frac{\partial g}{\partial X_i} \right) (X_i - \mu_{X_i}) \tag{3-13}$$

功能函数 Z 近似的平均值和方差可由式(3-14)和式(3-15)表示:

$$\mu_Z = E(Z_L) = g(\mu_{X_1}, \mu_{X_2}, \cdots, \mu_{X_n}) \tag{3-14}$$

$$\sigma_Z^2 = E[Z_L - E(Z_L)]^2 = \sum_{i=1}^{n} \left(\frac{\partial g}{\partial X_i} \right)^2 \sigma_{X_i}^2 \tag{3-15}$$

结构的可靠指标如式(3-16)所示:

$$\beta = \frac{\mu_Z}{\sigma_Z} = \frac{g(\mu_{X_1}, \mu_{X_2}, \cdots, \mu_{X_n})}{\sqrt{\sum_{i=1}^{n} \left(\frac{\partial g}{\partial X_i} \right)^2 \sigma_{X_i}^2}} \tag{3-16}$$

实际上荷载与抗力多为非正态分布,直接取随机变量的一阶矩和二阶矩计算均值和标准差不够合理,因此计算结果容易出现较大误差。

3. 改进的一次二阶矩法

改进的一次二阶矩法进行近似计算时不是在随机变量均值处展开,而是在设计验算点上展开。非线性功能函数的几何意义是极限状态曲面,验算点法是在结构失效边界上寻找线性化点,展开后的极限状态平面通常接近该曲面。计算原理如下:

先选定符合 $g(X_1^*, X_2^*, \cdots, X_n^*) = 0$ 的失效临界点,按泰勒级数展开,如式(3-17)所示:

$$Z_L = g(X_1^*, X_2^*, \cdots, X_n^*) + \sum_{i=1}^{n} \left(\frac{\partial g}{\partial X_i} \right)_{X_i^*} (X_i - X_i^*) \tag{3-17}$$

Z 的均值可以由式(3-18)表示:

$$\mu_Z = g(X_1^*, X_2^*, \cdots, X_n^*) + \sum_{i=1}^{n} \left(\frac{\partial g}{\partial X_i} \right)_{X_i^*} (\mu_i - X_i^*) \tag{3-18}$$

由于 $\mu_Z = X_i^*$ 位于极限状态曲面上,于是 Z 的均值和方差可由式(3-19)和式(3-20)表示:

$$\mu_Z = \sum_{i=1}^{n} \left(\frac{\partial g}{\partial X_i} \right)_{X_i^*} (\mu_i - X_i^*) \tag{3-19}$$

$$\sigma_Z^2 = \sum_{i=1}^{n} \left[\sigma_{X_i} - \left(\frac{\partial g}{\partial X_i} \right)_{X_i^*} \right]^2 \tag{3-20}$$

定义灵敏度系数 α_i,如式(3-21)所示:

$$\alpha_i = \frac{\sigma_{X_i} \left(\dfrac{\partial g}{\partial X_i} \right)_{X_i^*}}{\sqrt{\displaystyle\sum_{i=1}^{n} \left[\left(\frac{\partial g}{\partial X_i} \right)_{X_i^*} \sigma_{X_i} \right]^2}} \tag{3-21}$$

根据可靠性指标 β 的定义,可以得到式(3-22):

$$\sum_{i=1}^{n} \left(\frac{\partial g}{\partial X_i} \right)_{X_i^*} (\mu_{X_i} - X_i^* - \beta \alpha_i \sigma_{X_i}) = 0 \tag{3-22}$$

则验算点坐标如式(3-23)所示:

$$X_i^* = \mu_{X_i} - \beta \alpha_i \sigma_{X_i} \quad (i = 1, 2, \cdots, n) \tag{3-23}$$

式(3-23)需采用迭代法计算,直到 β 值与上次求解 β 值的误差不超过临界值。验算点法计算精度比均值一次二阶矩法要高,但当随机变量不服从正态分布时计算误差较大。

以土石坝渗透破坏风险概率为例,一般认为当渗流产生的渗透坡降 J 大于临界水力坡降 J_c 时,土体发生渗透破坏。因此,渗流破坏风险率 P_f 可由式(3-24)表示:

$$P_f = P \quad (J > J_c) \tag{3-24}$$

考虑上游水位这一基本变量对渗透作用的影响,根据式(3-6),土石坝渗透破坏风险概率计算如式(3-25)和式(3-26)表示:

$$F_J(H) = \int_{J_c}^{\infty} f \left(\frac{J}{H} \right) \mathrm{d}J \tag{3-25}$$

$$P_f = \int_{H_1}^{H_2} F_J(H) f(H) \mathrm{d}H \tag{3-26}$$

式中: $f(H)$ 为水位概率密度函数; $f(J/H)$ 为某一水位条件下 J 的条件概率密度函数; $F_J(H)$ 代表给定水位 H 时, $J > J_c$ 的概率。

基于蒙特卡罗法模拟渗透坡降 J 和临界坡降 J_c,在 Matlab 中具体运算流程如图 3-7 所示。

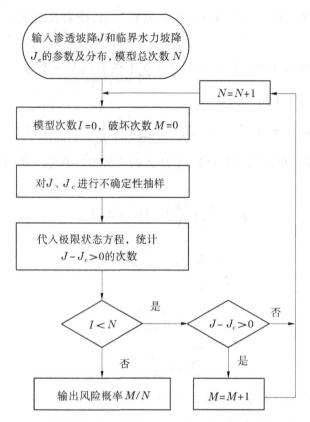

图 3-7　基于蒙特卡罗法的土石坝渗透破坏风险概率计算流程

3.3.1.7　贝叶斯网络法

1. 静态贝叶斯网络

贝叶斯网络(Bayesian Network,BN)又称信念网络,是用来表达和计算随机变量间概率关系的有向无环图,适用于解决不确定性和不完整性问题。其主要由父节点、子节点,以及表达各节点之间关系的箭头构成。节点 A、B 为节点 C 的父节点,节点 C 为节点 A、B 的子节点,如图 3-8 所示。

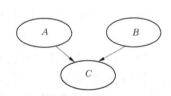

图 3-8　简单贝叶斯网络示意图

贝叶斯网络的理论依据是贝叶斯公式和全概率公式,如式(3-27)和式(3-28)所示:

$$P(B \mid A) = \frac{P(A \mid B)P(B)}{P(A)} \tag{3-27}$$

$$P(A) = \sum_{i=1}^{n} P(A \mid B_i)P(B_i) \tag{3-28}$$

式中:$P(B)$ 为事件 B 的概率,称为先验概率;$P(B \mid A)$ 为事件 A 已发生的条件下,事件 B 发生的条件概率;$P(A \mid B)$ 为似然率;i 为事件个数。

一个贝叶斯网络的运行结果即为所研究的问题中所有变量的联合概率分布,即考虑所有因素影响下的概率值。图 3-8 中简单贝叶斯网络的联合概率分布如式(3-29)所示:

$$P(A,B,C) = P(C \mid A,B)P(A,B) = P(C \mid A,B)P(A)P(B) \tag{3-29}$$

　　由此可知,若已知各父节点的先验概率及相应条件概率分布,则可以得到包含所有节点的联合概率分布。用来反映父节点与子节点关联性的条件概率可通过样本学习或专家经验给定。根据所确定的风险指标,以及风险因素与风险事件间的因果关系,即可构造相应的贝叶斯网络风险评估模型,某混凝土坝溃坝贝叶斯网络模型如图 3-9 所示。若已知最外层指标发生的先验概率及各下层指标发生的条件概率,则可推理出最底层节点的发生概率。

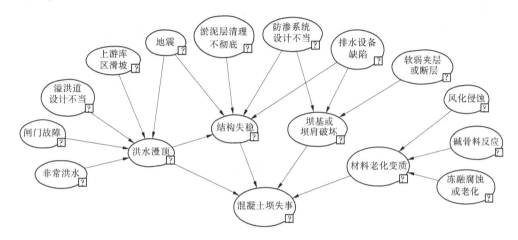

图 3-9　某混凝土坝溃坝贝叶斯网络模型

2. 动态贝叶斯网络

　　动态贝叶斯网络(dynamic bayesian network,DBN)在静态贝叶斯网络的基础上加入了时间信息,可用来研究风险的时变特性。由于沿时间轴模拟所有随机变量的动态变化过程非常复杂,为了简化模型,通常附加马尔科夫假设和平稳假设。

　　(1)马尔科夫假设:在确定当前 t 时刻的状态后,未来 $t+1$ 时刻的状态只与 t 时刻有关,而与 t 时刻之前的状态没有关系,如式(3-30)所示:

$$P(X^{t+1}/X^0,\cdots,X^t) = P(X^{t+1}/X^t) \qquad (3-30)$$

　　(2)平稳假设:假设变量的概率变化过程是平稳一致的,即对所有 t,节点间的条件概率和转移概率保持不变。

　　基于上述假设,可以构建出动态贝叶斯网络 $B = (B_0,B_\rightarrow)$。B_0 表示初始时刻的贝叶斯网络,如图 3-10 所示。

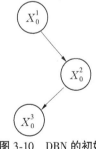

图 3-10　DBN 的初始网络 B_0

　　根据图 3-10 的初始网络,可以得到任一节点的先验概率和初始状态的联合概率分布。

　　$B_\rightarrow$ 表示不同时刻间的转移网络,由多个时间片段连接的贝叶斯网络组成,如图 3-11 所示。

　　定义在变量 $X[t]$ 与 $X[t+1]$ 上的转移概率 $P(X[t+1]/X[t])$ 对所有的 t 都成立时,随机过程时间轴上的 DBN 模型如图 3-12 所示。

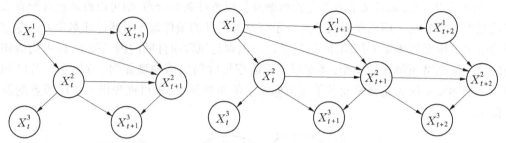

图 3-11　DBN 的转移网络 $B_{\rightarrow}$　　　　　　图 3-12　按时间轴展开的 DBN

图 3-12 中初始时刻 t，事件 $X[1]$ 的节点是先验网络 B_0 中的节点；在 $t+1$ 时刻，事件 $X[t+1]$ 的节点为转移网络 $B_{\rightarrow}$ 中的节点，此时节点与时刻 t 和 $t+1$ 均有关系。DBN 模型中事件 X 在 T 个时间片上的联合概率分布可由式（3-31）表示。

$$P(X[1], X[2], \cdots, X[T]) = P_{B_0}(X[1]) \prod_{t=1}^{T} P_{B_{\rightarrow}}(X[t+1]/X[t]) \qquad (3\text{-}31)$$

同一事件在相邻时间片上的转移概率表示为 $P(X[t+1]/X[t])$，代表已知某一变量上一时刻的状态时，当前时刻发生的概率。X_t^i 为第 t 个时间片中的第 i 个节点，$P_a(X_t^i)$ 为其父节点，N 为随机变量数目，则 DBN 网络中任意两相邻时间片间的转移概率如式（3-32）所示。

$$P(X_t \mid X_{t-1}) = \prod_{i=1}^{n} P[X_t^i \mid P_a(X_t^i)] \qquad (3\text{-}32)$$

因此，结合式（3-31）和式（3-32），DBN 模型中任一节点的联合概率分布如式（3-33）所示。

$$P(X_{1:T}^{1:N}) = \prod_{i=1}^{N} P_{B_0}[X_1^i \mid P_a(X_1^i)] \times \prod_{t=2}^{t} \prod_{i=1}^{N} P_{B_{\rightarrow}}[X_1^i \mid P_a(X_1^i)] \qquad (3\text{-}33)$$

动态贝叶斯网络常用来推理和分析风险概率随时间动态变化的特性，除先验概率和条件概率外，还需要确定相邻时间片（段）间风险的因素状态转移概率。

文献[36]运用动态贝叶斯网络，得出图 3-9 中混凝土坝风险概率时序变化曲线，如图 3-13 所示。

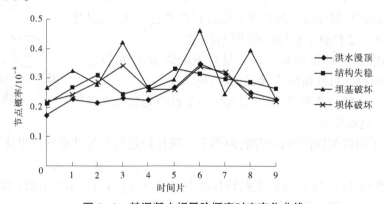

图 3-13　某混凝土坝风险概率时序变化曲线

贝叶斯网络分析法的优点包括:①本身是一种不定性因果分析模型,更为贴切地反映了各个变量之间的关系;②具有强大的不确定性问题处理能力;③可以有效地进行多源信息表达和融合。其局限性包括:①复杂系统中确定贝叶斯网络所有节点之间的相互作用相当困难;②需要条件概率知识,这一般需要专家判断提供,软件工具只能基于这些假定来提供答案。

3.3.2　风险概率相对性评价方法

相对性评价方法所得结果并不能直接表征风险事件发生的概率,相应的评价结果只能与同种方法计算出来的结果进行相互对比。其中,各因素权重的确定是相对性评价法中的一个重要内容。常用于权重计算和风险概率相对性评价的方法和模型有层次分析法、网络分析法、熵权法和云模型等。

3.3.2.1　层次分析法

层次分析法(AHP)适用于对定性问题进行定量分析,可以将复杂问题逐层分解为更加系统、直观的递阶层次结构,在风险因素权重计算方面尤为适用。对研究对象进行工作分解(WBS)和风险分解(RBS)并构造 WBS-RBS 风险识别矩阵是运用此方法的基础环节,3.2 节已进行了相关介绍。图 3-14 为某尾矿坝溃坝风险指标体系层次结构。

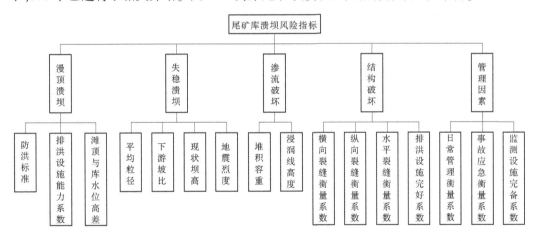

图 3-14　某尾矿坝溃坝风险指标体系层次结构

AHP 计算各风险因素权重的具体实施过程如下:

(1)构建各风险元素相对于准则层的判断矩阵 $\boldsymbol{B} = (b_{ij})_{n \times n}$。其中,$b_{ij}$ 表示对于上一层对象而言,风险因素 R_i 相对于 R_j 的重要程度。其取值可由专家评估得到。

(2)根据判断矩阵 $\boldsymbol{B}$,确定各准则下风险因素的相对权重。首先求出判断矩阵 $\boldsymbol{B}$ 的最大特征值 $\lambda_{\max}$,再求出最大特征值对应的特征向量 $\boldsymbol{U} = (u_1, u_2, \cdots, u_n)$,并对该特征向量进行归一化处理得到向量 $\boldsymbol{V} = (v_1, v_2, \cdots, v_n)$。归一化处理后向量中的值即为其对应元素的相对权重。向量 $\boldsymbol{V}$ 的计算如式(3-34)所示:

$$v_i = \frac{u_i}{\sum_{i=1}^{n} u_i} \tag{3-34}$$

（3）对判断矩阵 **B** 进行一致性检验。由于专家评判赋值的误差会对判断矩阵的特征值产生偏差，必须利用一致性指标 CR 对矩阵进行一致性检验。当 CR<0.1 时，认为判断矩阵的一致性满足要求。

$$CI = \frac{\lambda_{max} - n}{n - 1} \tag{3-35}$$

$$CR = \frac{CI}{RI} \tag{3-36}$$

式中：CI 为相容性指标；λ_{max} 为判断矩阵的最大特征值；n 为判断矩阵的阶数；RI 为随机性指标。

通过以上计算，可确定出各风险因素相对于各级子工作的权重，结合各风险因素的风险取值，即可加权得到整个项目或系统的总风险。AHP 为权重计算提供了一种清晰、直观的实用方法，但也存在一些局限性，例如当风险因素过多时，判断矩阵一致性检验较困难，且易出现权重差异不明显的情况，给风险排序带来了一定的难度。

3.3.2.2 网络分析法

网络分析法（ANP）考虑了各因素之间的相互影响，利用加权超矩阵求因素权重。ANP 将系统元素划分为两大部分：第一部分称为控制层，包括问题目标及决策准则。决策准则彼此独立，其权重可用 AHP 求得。第二部分为网络层，它由所有受控制层支配的元素组成，元素间不独立。网络层中元素相对于每个准则的排序可以按间接优势度求得，即在准则下进行两个元素对第三个元素（称为次准则）的影响程度比较。土石坝风险分析典型网络结构如图 3-15 所示。

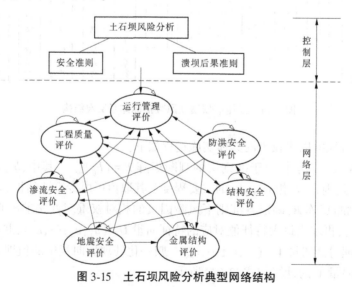

图 3-15 土石坝风险分析典型网络结构

设 ANP 的控制层中有准则 $P_1, P_2, \cdots, P_m$，网络层有元素组 $C_1, C_2, \cdots, C_n$，其中 C_i 中

有元素 $e_{i1}, e_{i2}, \cdots, e_{in_i}$。以控制层元素 P_s 为准则,以 C_j 中元素 $e_{jh}(h=1,2,\cdots,n_j)$ 为次准则,元素组 C_i 中元素按其对 e_{jh} 的影响力大小进行间接优势度比较,则在准则 P_s 下构造的判断矩阵及对应关系,如图 3-16 所示。

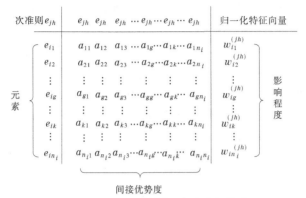

图 3-16　ANP 判断矩阵及对应关系

图 3-16 中:a_{gk} 表示 e_{ig} 对 e_{ik} 关于 e_{jh} 的间接优势度,用 $1 \sim 9$ 和 $1/2 \sim 1/9$ 表示; 排序向量 $\boldsymbol{w} = (w_{i1}{}^{(jh)}, \cdots, w_{in_i}{}^{(jh)})^{\mathrm{T}}$ 由判断矩阵按特征根法和归一化得,表示元素组 C_i 中元素 $e_{i1}, e_{i2}, \cdots, e_{in_i}$ 对 e_{jh} 的影响度,设

$$
\boldsymbol{W}_{ij} = \begin{bmatrix} w_{i1}^{(j1)} & w_{i1}^{(j2)} & \cdots & w_{i1}^{(jn_j)} \\ w_{i2}^{(j1)} & w_{i2}^{(j2)} & \cdots & w_{i2}^{(jn_j)} \\ \vdots & \vdots & & \vdots \\ w_{in_i}^{(j1)} & w_{in_i}^{(j2)} & \cdots & w_{in_i}^{(jn_j)} \end{bmatrix} \tag{3-37}
$$

$\boldsymbol{W}_{ij}$ 的列向量即 C_i 中元素 $e_{i1}, e_{i2}, \cdots, e_{in_i}$ 对 C_j 中元素 $e_{j1}, e_{j2}, \cdots, e_{jn_j}$ 的影响程度排序向量。这样最终可获得 P_s 下,超矩阵 $\boldsymbol{W} = (\boldsymbol{W}_{ij})_{n \times n}$,其列向量表示所有元素组中元素对某个元素的影响程度排序向量。

$\boldsymbol{W}_{ij}$ 为列归一化,但超矩阵 $\boldsymbol{W}$ 却不是列归一化,故引入权矩阵。以 P_s 为准则,C_j 为次准则,对元素组 $C_1, C_2, \cdots, C_n$ 进行重要性比较,得排序向量 $(a_{1j}, a_{2j}, \cdots, a_{nj})^{\mathrm{T}}$。由此得到权矩阵

$$
\boldsymbol{A} = \begin{bmatrix} a_{11} & a_{12} & \cdots & a_{1n} \\ a_{21} & a_{22} & \cdots & a_{2n} \\ \vdots & \vdots & & \vdots \\ a_{n1} & a_{n2} & \cdots & a_{nn} \end{bmatrix} \tag{3-38}
$$

对超矩阵 $\boldsymbol{W}$ 加权,得 $\overline{\boldsymbol{W}} = (\overline{\boldsymbol{W}}_{ij})$,其中 $\overline{\boldsymbol{W}}_{ij} = a_{ij}\boldsymbol{W}_{ij}$。$\overline{\boldsymbol{W}}$ 称为加权超矩阵,其列和为 1。设加权超矩阵 $\overline{\boldsymbol{W}}$ 的元素为 w_{ij},则 w_{ij} 的大小反映了元素 i 对元素 j 的一步优势度。i 对 j 的优势度还可用 $\sum\limits_{k=1}^{n} w_{ik}w_{kj}$ 得到,称为二步优势度,它就是 $\boldsymbol{W}^2$ 的元素,仍是列归一化。当

$W^{\infty} = \lim\limits_{x \to \infty} w^{x}$ 存在时,W^{∞} 的各列相同,就是 P_s 下网络层中各元素的极限相对排序向量,即为各风险因素的权重。

3.3.2.3 熵权法

熵权法是一种复杂的客观赋权方法,其基本原理是依据各评价指标所包含的信息量的多少,决定其在整个体系中的权重分量,即某一指标的信息熵越小,则所含信息量越大,所占熵权越重。通常可采用专家评分的方法,根据不同指标的重要性程度来给予打分。利用指标得分的无序程度反映各指标携带的信息量,根据某一指标得分数据分布状况,分析评判指标对整个评价结果的影响程度,继而给其影响程度赋予一定权重。把评价对象集记为 $\{R_i\}$ $(i = 1, 2, \cdots, n)$,评价指标集记为 $\{R_j\}$ $(j = 1, 2, \cdots, m)$,x_{ij} 表示第 i 个方案第 j 个指标的原始值。其基本步骤如下:

(1)先对 x_{ij} 做标准化处理。再计算第 j 个指标第 i 个方案所占的比例 p_{ij}:

$$p_{ij} = \frac{x_{ij}}{\sum\limits_{i=1}^{m} x_{ij}} \quad (i = 1, 2, \cdots, m; j = 1, 2, \cdots, n) \tag{3-39}$$

(2)计算第 j 个指标的熵值 e_j:

$$e_j = -k \sum_{i=1}^{m} p_{ij} \ln p_{ij} \tag{3-40}$$

式中:$k = \dfrac{1}{\ln m}(j = 1, 2, \cdots, n)$,$k \geqslant 0, e_j \geqslant 0$。

(3)计算第 j 个指标的信息熵冗余度 d_j:

$$d_j = 1 - e_j \tag{3-41}$$

(4)计算各个指标的权重 w_j':

$$w_j' = \frac{d_j}{\sum\limits_{j=1}^{m} d_j} \tag{3-42}$$

最终可求得 n 个因素的客观权重向量 $\boldsymbol{W} = (w_1', w_2', \cdots, w_n')$。

(5)组合权重。

主客观组合赋权法常用的两种方法:①"乘法"集成法,适用于评价指标个数较多、权重分配比较均匀的情况,如式(3-43)所示;②"加法"集成法,适用范围广泛,限制因素少,如式(3-44)所示。

$$w_j'' = \frac{w_i w_j'}{\sum\limits_{j=1}^{m} w_i w_j'} \tag{3-43}$$

$$w_j'' = \xi w_i + (1 - \xi) w_j' \tag{3-44}$$

式中:w_j'' 为各评价指标的组合权重;w_i 为三标度层次分析法计算出的主观权重;w_j' 为熵权法计算出的客观权重;ξ 为第 j 个评价指标的分配系数,能够反映评价者对不同赋权方法的偏好。

文献[40]以某水库枢纽工程为研究对象,采用熵权法模型对坝体位移、坝基沉降和裂缝宽度等 14 个指标进行了熵权计算,如表 3-3 所示。

表 3-3　某水库风险指标熵及熵权值

变量	信息熵	熵权	变量	信息熵	熵权
X_1	4.911 2	0.154 4	X_8	4.236 1	0.201 3
X_2	14.660 7	0.539 1	X_9	4.106 9	0.193 2
X_3	4.891 1	0.153 6	X_{10}	9.896 8	0.501 6
X_4	4.874 2	0.152 9	X_{11}	9.839 8	0.498 4
X_5	4.241 9	0.201 7	X_{12}	5.993 2	0.328 0
X_6	4.260 6	0.202 8	X_{13}	6.139 6	0.337 6
X_7	4.231 1	0.201 0	X_{14}	6.090 6	0.334 4

3.3.2.4　云模型

　　云模型是我国著名学者李德毅院士率先提出的一种用于定量数值和定性概念之间不确定性转换的数学模型。该模型能够直观反映出客观世界中事物的随机性与模糊性,同时将两者相结合形成定量与定性间的映射关系,该模型实际应用的关键工具是云发生器。

　　设论域 $U = \{x\}$ 中的联系语言值为 L,其任意元素 x 对 L 的隶属度 $R_L(x)$ 为一个具有稳定倾向性的随机数,该隶属度主要用于表征 x 的定性概念,此时在内分布的隶属度被叫作隶属云,即通常所说的云模型,可以简称为云,如图 3-17 所示。

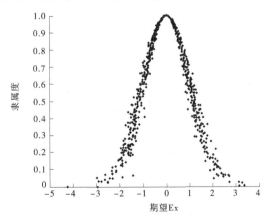

图 3-17　云模型示意图

　　$R_L(x)$ 的值在 $[0, 1]$ 区间,云模型表示从论域 U 到区间 $[0, 1]$ 的映射,如式(3-45)所示。

$$R_L(x):U \rightarrow [0, 1], \forall x \in U, x \rightarrow R_L(x) \qquad (3-45)$$

　　U 中所有元素的定性概念均可以通过云模型转换为具体的量化数值。云的"厚度"并非完全均匀的,其"厚度"越厚,表示数据越分散,"厚度"越薄,表明数据汇聚性越好。云的"深厚程度"反映隶属度的随机性,越是靠近概念中心的地方,其随机性越小,这与人类的主观感受是非常相近的。

云模型用期望 Ex、熵 En 和超熵 He 三个数字特征来综合表述一个不确定性概念：期望 Ex 表示云滴在论域空间上分布的数学期望值，即隶属云覆盖范围下的面积的形心所对应的论域值；熵 En 表示概念所能接受论域 U 数值的范畴，即定性概念模糊度的度量，用于对定性概念概率和模糊度进行度量的重要特征，反映定性概念的不确定性；超熵 He 为熵的不确定性度量，即熵的熵，用于反映云滴的离散程度。

云发生器（cloud generator，CG）是最基本的云算法，它可以实现从语言值表达的定性信息中获取定量的范围和分布规律。云发生器主要分为正向云发生器和逆向云发生器。正向云发生器可将定性概念转换为定量表示，逆向云发生器可将定量表示转换为定性概念。正向云发生器根据云的数字特征产生正向云滴。逆向云发生器则可以将一定数量的精确数据转换为以数字特征表示的定性概念。云发生器的运算示意如图 3-18 所示。

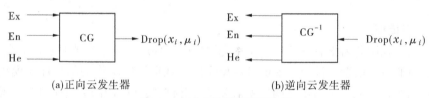

(a)正向云发生器　　　　　　　　(b)逆向云发生器

图 3-18　云发生器运算示意图

正向云发生器是从定性到定量的映射，由云模型的三个数字特征（Ex、En、He）产生云滴。其实现了从语言表达的定性信息中获得定量数据的范围和分布规律。具体算法如下：

输入：正向云的数字特征（Ex、En、He），所要生成的云滴数目 n。

输出：n 个云滴：

（1）生成以 En 为期望值，He^2 为方差的一个正向随机数；

（2）生成以 Ex 为期望值，En_i^2 为方差的一个正向随机数；

（3）计算隶属度 $\mu(x_i) = \exp{-\dfrac{(x_i - \mathrm{Ex})^2}{2\mathrm{En}_i^2}}$，得到一个云滴；

（4）带有确定度 $\mu(x_i)$ 的 x_i 成为数域中的一个云滴；

（5）重复以上步骤，直至生成 n 个云滴。

逆向云发生器是实现定量数值与定性语言之间的不确定性转换模型，它将一定数量的精确数据有效地转换为以恰当定性语言值 Ex、En、He 表示的概念。有些逆向云发生器的隶属度是未知的，而有些是已知的，这也是划分其类型的依据。对于实践中的某个目标概念而言，往往得到的信息只有某个概念的一组样本数据值，而其代表该概念的隶属度 μ 值却没有给出或者难以得到，所以未知隶属度的逆向云模型更为常用。逆向云发生器通常指未知隶属度的逆向云发生器，具体算法如下：

输入：n 个云滴。

输出：这 n 个云滴所代表的定性概念的期望 Ex、熵 En 和超熵 He。

（1）计算输入样本的均值 $\overline{X} = \dfrac{1}{n}\sum\limits_{i=1}^{n} x_i$，一阶样本绝对中心距：$\dfrac{1}{n}\sum\limits_{i=1}^{n} |x_i - \overline{X}|$，样本

方差 $S^2 = \dfrac{1}{n-1} \sum\limits_{i=1}^{n} (x_i - \overline{X})^2$；

（2）计算样本的期望值 $\mathrm{Ex} = \overline{X}$；

（3）计算样本的熵值 $\mathrm{En} = \sqrt{\dfrac{\pi}{2}} \times \dfrac{1}{n} \sum\limits_{i=1}^{n} |x_i - \mathrm{Ex}|$；

（4）计算样本的超熵值 $\mathrm{He} = \sqrt{S^2 - \mathrm{En}^2}$。

运用云模型理论方法可以解决专家对风险因素打分评价中的模糊性和随机性问题。基于云模型的推理方法能够直观体现出自然语言中概念的软推理能力，对于处理评价语言中的模糊和随机信息有较好的应用效果。

3.3.2.5　云熵权法改进模型

根据熵权法的思路：一个数值出现的频率越高，其对定性概念的贡献也就越大；反之，一个数值或因子出现的频率越低或共识越少，其对定性概念的贡献也就越小，即高频率出现的数值或共识普遍一致的因子，其对定性概念的贡献大于低频率数值对定性概念的贡献。实际情况中专家意见围绕某个数值重心总会存在一定幅度的摆动，因此用一个具有稳定倾向的随机数来代替确数值更为科学，这一点和云模型的中心思想及熵的概念是基本一致的。云模型中的云熵反映了一个数值的发散程度，即该风险因子的共识情况。文献[41]采用云熵并借鉴熵权法对指标差异性的处理方法，对熵权法进行改进，得到改进后的指标权重计算模型。将专家的主观判断通过云模型处理成代表不确定性的关键代表参数，再由改进后的计算模型得到同时兼顾了主观因素和客观因素的权重分布，尽可能科学地反映风险因子的重要性。其计算步骤如图 3-19 所示。

设指标有 n 个（列向量），专家有 m 个（行向量），按照云模型逆向发生器计算公式，则得到第 j 个指标的云模型关键参数计算公式，如式（3-46）~式（3-48）所示：

$$\mathrm{Ex}_j = \overline{x_j} = \frac{1}{m} \sum_{i=1}^{m} x_{ij} \tag{3-46}$$

$$\mathrm{En}_j = \sqrt{\frac{\pi}{2}} \, \frac{1}{m} \sum_{i=1}^{m} |x_{ij} - \mathrm{Ex}_j| \tag{3-47}$$

$$\mathrm{He}_j = \sqrt{\frac{1}{m-1} \sum_{i=1}^{m} (x_{ij} - \mathrm{Ex}_j)^2 - \mathrm{En}_j^2} \tag{3-48}$$

式中：$i = 1,2,\cdots,m$；$j = 1,2,\cdots,n$。

指标 j 在全部指标中的传统权重计算公式如式（3-49）所示：

$$\omega_j = \frac{\mathrm{Ex}_j}{\sum\limits_{j=1}^{n} \mathrm{Ex}_j} \quad (j = 1,2,\cdots,n) \tag{3-49}$$

由式（3-49）可知，若使用传统代数加权计算公式，虽然方法简便，但是没有充分利用云模型中熵的变化情况，无法保证结果的全面性和客观性。例如，在所有指标的平均分都一致的时候，每一个指标的权重计算结果都一样，不能客观反映实际情况。事实上，每个指标的变化规律不同，即指标的云熵和云超熵变化是很大的，基于此思想，文献提出一种

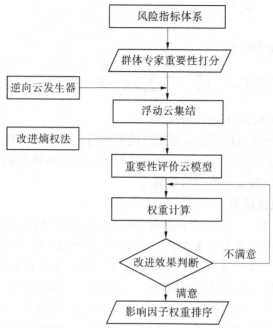

图 3-19　云模型-熵权法权重确定步骤

改进型的熵权法来替代这种公式。

修正权重计算公式如式(3-50)所示：

$$\hat{\omega} = \begin{cases} \dfrac{Ex_j}{\ln(1 + En_j) + 1} \cdot \dfrac{1}{\displaystyle\sum_{j=1}^{n} \dfrac{Ex_j}{\ln(1 + En_j) + 1}} & (En_j \neq 0) \\[4mm] \dfrac{Ex_j}{\displaystyle\sum_{j=1}^{n} Ex_j} & (En_j = 0) \end{cases} \tag{3-50}$$

如果云熵 $En_j \neq 0$，云熵越大，说明专家对该项指标的意见分歧也越大，则该项指标的权重理应降低；云熵越小，说明专家对该项指标的意见分歧越小，则该项指标的权重应增加。云熵 En_j 最小等于 0，说明该项指标的专家评分都一致，那么权重的计算公式同传统代数加权计算方法保持一致。

利用逆向云发生器对某水库溃坝致灾因子进行处理，通过式(3-46)~式(3-48)得到每个因子的期望 Ex_j、意见离散程度 En_j 和意见随机程度 He_j，如图 3-20 所示。

以上相对性评价方法常用于单个水库大坝风险分析与评价。然而，由于评价方法自身的局限性，且采用专家经验等方法对评价指标赋值带有很大的主观因素，其评价值并不代表真实的失事概率，容易出现评价结果不突出、缺乏针对性等缺陷。

为确保评价结果具有可比性，在对多个大坝开展风险分析及计算时，应遵循以下几条原则：

(1)应选择同一种或原理相近的分析方法或数学模型。

(2)风险指标体系的构建应大致相同，主要风险指标的选择及量纲应保持一致。

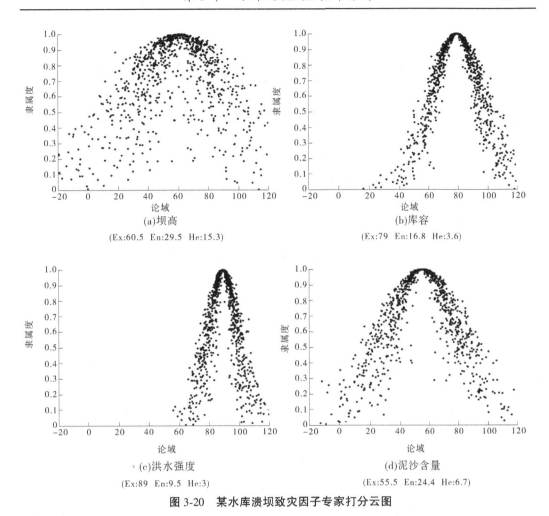

(a)坝高
(Ex:60.5 En:29.5 He:15.3)

(b)库容
(Ex:79 En:16.8 He:3.6)

(c)洪水强度
(Ex:89 En:9.5 He:3)

(d)泥沙含量
(Ex:55.5 En:24.4 He:6.7)

图 3-20　某水库溃坝致灾因子专家打分云图

(3)风险指标的分析和赋值应遵循统一流程和规范。如采用专家经验法对多个大坝进行风险定量计算,则指标赋值应由同一批专家来完成。

(4)当评价结果差异性不明显时,应将此类研究对象单独列出,重新选择合适的方法开展风险评估,直至评估结果易于对比且具有参考价值。

第4章　水库大坝风险后果分析

溃坝风险后果分析是水库大坝风险评估的重要部分,直接影响到风险评价与管理决策环节。与风险概率主要取决于工程因素相比,风险后果受到溃坝洪水淹没范围、水深、流速和水温等工程因素影响的同时,还受到人口分布、经济发展水平和人们的风险意识等社会因素的影响。水库大坝风险后果影响因素多,致灾机制复杂,是近年来研究的热点与难点,也是大坝风险管理亟须解决的问题。

4.1　大坝风险后果的分类

根据目前国内外研究及工程实际运用情况,溃坝风险后果大致包括生命损失、经济损失、社会影响和环境影响四个方面。生命损失主要指大坝失事水流冲击、淹没和寒冷等因素造成淹没范围内的人员损失;经济损失主要指因为淹没造成房屋、家具、物资、农业等直接经济损失以及影响交通运输、厂矿企业正常生产而产生的间接经济损失;社会影响主要指大坝失事对人们原有生活方式、生活质量、心理状态的改变,以及在政治系统、文化层面的影响;环境影响主要指大坝失事洪水导致的河道形态及人文景观变化、重大污染等,具体体现在水环境、土壤环境、生态环境和人居环境等方面。

目前研究对大坝风险后果分类主要有两种。第一种是将其分为四类:生命损失、经济损失、社会影响、环境影响;第二种将其分为三类:生命损失、经济损失、社会和环境影响。这两类方法的主要区别在于对社会与环境影响的分类上,但无论是哪种分类方法,它们都将社会影响作为与生命损失、经济损失和环境影响并列的一种风险后果,然而这是值得商榷的。因为社会影响与其他三种后果存在极大的相关性,即若无生命损失、经济损失和环境影响,则溃坝的社会影响也就几乎不存在。因此,可认为生命损失、经济损失和环境影响是溃坝风险后果的三个基础类别,社会影响则为上述3种后果的共同作用。

4.2　风险后果影响因素分析

风险后果影响因素分析是构建风险评价指标体系、合理进行风险后果评估、风险评价与风险管理的基础和关键。溃坝洪水灾害的影响因素众多,涉及范围广,且各因素之间相互作用,不确定性大。若只根据已有经验对影响因素进行筛选,不进行科学系统的分析,一旦忽视了很重要的影响因素,即使采用再严谨的数学方法,也不会得到准确的结果。因此,开展风险后果影响因素分析具有重要的意义。

4.2.1　溃坝洪水灾害系统特点分析

只有深入了解了溃坝洪水灾害的特点,才能准确对风险影响因素进行分析。溃坝洪水、下游的环境以及下游居民或社会财产之间相互作用形成灾情。从系统理论的角度来看，各类因素相互作用，形成了一个具有一定结构、功能和特征的复杂体系，即溃坝洪水灾害系统。它具有以下几个突出的特点：

（1）溃坝洪水灾害系统具有模糊性。

影响溃坝洪水灾害后果的影响因素众多，因素间各种因果关系复杂，所以很难直观明确其层次关系。比如：人口的年龄是影响人口反应时间长短的影响因素之一，也是人口在洪水中自救的影响因素之一，所以其作用的界定存在模糊性。

（2）溃坝洪水灾害系统具有动态性。

溃坝洪水灾害系统会随着环境、时间等因素的变化而不断变化。比如：洪水强度会随着向下游演进整体呈递减趋势；人口的避难行为会导致其分布随着时间而变化。这些因素的变化影响着溃坝灾害系统的功能与结构，因此这是一个具有极强动态性的系统。

（3）溃坝洪水灾害系统具有非线性。

溃坝洪水灾害系统的输出特征对于输入特征的响应，不具备线性叠加的性质。比如：两个地方的洪水灾害程度一样，经济发展程度也相差无几，但实际受灾情况会因两地人口密度、社会环境等的不同有较大差别，呈现出典型的非线性关系。

（4）溃坝洪水灾害系统组成具有高维特性。

溃坝洪水系统包含三个子系统：致灾系统、孕灾系统和承灾系统，每一个子系统又包括其各自的次级子系统。例如：按照因子的内容范围，可将承灾系统分为生命、经济、环境和社会影响。溃坝洪水灾害系统反映了"人—自然—社会"之间的相互关系，具有庞大的多维层次结构。

4.2.2　影响因子指标选取原则

溃坝风险后果影响因子系统涉及的指标繁多且复杂，在实际分析中不可能把所有影响因素都考虑在内。为了能够全面、准确、科学地反映灾害的风险后果严重程度，在研究和建立影响因子指标体系时，需要在保证评估高效性和评估结果准确性的同时，坚持以下原则：

（1）科学性原则。

要以相应的科学理论为指导，结合溃坝失事的特点和溃坝洪水的淹没过程，选取符合实际要求、反映客观事实的影响因素，以确保评价结果的科学性和可靠性。

（2）系统性原则。

按照系统论的观点，风险后果影响因子指标体系的各个部分应从不同层次、不同角度和不同方面选取影响因素，形成一个有机整体，系统性体现因素的作用、目的和整体功能。

（3）综合性原则。

选取因素时应综合分析溃坝风险后果的四个主要方面，防止因某些方面考虑不周到而造成因素选取重复或遗漏，进而减少因素选取的片面性和不确定性。

（4）典型性原则。

因素是研究对象或系统在某种意义上的典型代表，应能够基本实现对研究对象或系统的概括性描述。因此，在选取因素时，应目的明确、典型突出。

（5）可操作性原则。

应考虑选取因素的可获取性及资料收集的难易性。所选取的因素不能与国家统计部门相关方面现行的体系相差太大，应尽可能保持一定的衔接性，以便于因素数据的收集。同时，所选取的因素指标尽可能与目前减灾部门的灾情统计与调查指标保持一致，以便于实际操作。

（6）定性与定量相结合原则。

部分影响因素的分析数据可以通过统计或计算进行定量确定，但有些影响因素由于自身的属性特征，无法实现定量表达，而只能通过语言描述或专家评判定性确定。因素指标选取时要结合其自身特性做到定性与定量相结合，不能为了易于量化或者分析而只选择一个类型。

4.2.3　影响因素的确定

灾害的形成是致灾因子、孕灾环境和承灾体的综合展现，因此可根据以上灾害系统的特点和指标选取原则，从下述三个方面确定溃坝风险后果影响因素。

4.2.3.1　致灾因子

致灾因子指反映洪水特征的各种因子。溃坝洪水的淹没范围和严重性程度是最常见的致灾因子。通常情况下，淹没的范围越大，下游受溃坝洪水影响对象的数量就越多。洪水的严重性程度与坝型、库容及下游地形等因素有关，可用洪水的水深与流速的乘积来定量表征。洪水的严重性程度越大，下游对象受到影响的程度越强。此外，还有水温、泥沙等致灾因子，直接影响人口损失和农作物或生物的死亡率。

4.2.3.2　孕灾环境因子

孕灾环境因子是指受溃坝洪水影响对象所在的环境特征因子。一般情况下，距离坝址越近，洪水的强度越大，该区域遭受的危害越大。洪水的演进与下游地形密切相关，下游地形对洪水影响程度从强到弱依次为峡谷、山区、丘陵和平原。此外，还有警报时间、溃坝发生时间、溃坝时天气、下游建筑物情况等一些重要的影响因素。警报时间越充足，人们可以尽快地进行撤离和转移财产；溃坝发生在工作日的白天，人们可以及时收到警报消息，若溃坝发生在节假日夜晚，居民往往在家中休息，不能及时收到警报消息；溃坝时天气会直接影响到人口、财产的转移和抢险救灾的难易；下游建筑物是人口躲避洪水的主要避难所，其易损性非常重要。

4.2.3.3　承灾体因子

根据后果的不同，承灾体因子可分为生命损失承灾体因子、经济损失承灾体因子、环境影响承灾体因子，以及综合考虑各方面因素的社会影响承灾体因子。

1. 生命损失承灾体因子

对于生命损失而言，承灾体是下游的风险人口。风险人口通常指在溃坝洪水淹没范围内的人口（有的研究中的风险人口指溃坝洪水淹没范围内水深不小于 0.3 m 的人口）。风险人口对溃坝理解程度直接影响其自救能力和政府救灾成功率，和政府的宣传与过往灾害经历有关；此外，由于年龄、性别、知识结构、受教育程度和宗教信仰等的不同，风险人口的反应能力也有差别，反应越及时，避难成功率越大，存活率越高。

2. 经济损失承灾体因子

经济损失与社会经济发展水平密切相关,包括直接经济损失和间接经济损失两类。直接经济损失是指洪水直接淹没造成的财产类损失及生产类损失的总和,财产类包括基础设施、单位财产、居民财产;生产类包括工商企业、农林牧渔。间接经济损失是指洪水次生灾害和衍生灾害所造成的损失,主要包括应急费用、工矿企业停产的减产及社会经济系统运行的费用增加等。

国内生产总值(gross domestic product,GDP)是某地区经济发展情况的货币化体现,也是最直观、综合度最高的影响因子。其形式多种多样,有人均 GDP、单位面积 GDP、GDP 密度等,它们代表了区域的总体经济实力,能较好反映研究区的经济承灾状况。

财产密度直观反映了溃坝洪水淹没区域的各项财产分布情况。不同类型的财产受洪水的影响不同,例如农、林、渔、牧等产业对洪水的冲击和淹没较为敏感;工业厂房等建筑物抵御洪水冲击能力略强于农业承灾体,但其所造成的损失也高于农业受灾单位价值。

交通干线的受损在带来直接经济损失的同时,还会带来间接经济损失,如果交通干线受到了较大的损坏,势必会影响抢险救灾人员和物资的运输,也会影响灾后重建和生产的恢复,很可能会进一步加重经济损失,因此可将交通干线密度设为承灾指标。

3. 环境影响承灾体因子

目前对环境影响还没有统一的定义,其实质是指周边区域的自然环境条件和生态环境条件受到水库溃坝洪水冲击或淹没后发生的变化,其中自然环境条件影响的评价内容主要是水、大气、噪声、固体废物等要素;生态环境条件影响在直观上则体现在"水土"和"生物"两个方面。结合《中华人民共和国环境保护法》《中华人民共和国环境影响评价法》《水利水电工程环境影响评价导则》等,已有研究通常选定河道形态、植被覆盖、生物多样性、人居景观环境、污染工业、水环境及土壤环境 7 个方面作为溃坝环境影响评价指标。

河道形态发生变化指溃坝洪水引起的河道冲淤变化;植被覆盖反映了溃坝洪水对地表植被的影响;生物多样性指如果淹没区内存在特有滨水动物、水生动物物种、濒危及稀有物种,它们的洄游、产卵场等会遭受影响;人居景观指被保护植物、有保护意义的特定植被、旅游景区等文化景观遭受破坏。另外,水土环境是下游环境的最基本的构成因素,水土环境受到的影响可间接地导致生物、植被及河道的破坏。自然环境作为承灾体,一旦受灾,必定会打破原有的平衡并带来一系列长远的影响。判断下游的受灾程度,可通过对灾害前后的生态状态进行差异判断。通常情况下,水土环境的灾害前状况越好,其对于灾害的敏感性就越强,受灾后的损失就越大。随着经济的快速发展,水库大坝的下游通常有较多工业分布。如果存在化工等污染工业,则存在溃坝洪水发生后产生泄漏的可能,含有的物理或化学成分将进一步对水土环境造成不可修复的灾难性影响。

4. 社会影响承灾体因子

目前对于社会影响还没有完善统一的定义。王仁钟等认为,社会影响主要包括:对国家、社会安定的不利影响(政治影响);因受伤或精神压力给人们造成身心健康的伤害,以及日常生活水平和生活质量的下降等;无法补救的文物古迹、艺术珍品和稀有动植物等的损失。何晓燕等认为,主要包括人口特征、社会稳定、人民物质文化生活、资源、重要设施、文教卫生 6 个方面。国际组织委员会于 1994 年提出了 5 大类共 32 项社会影响评价变量，包括人口特征、社会制度、政治社会资源、家庭变化及社区资源等方面的影响。

从灾害学的角度来看，溃坝造成的社会影响，其实是上述生命损失、经济损失和环境影响 3 种风险后果的综合作用并间接展现，其往往受人口密度、经济和社会发展状况等因素影响。如在人口损失很大的情况下，社会结构和社会的不稳定性也将随之增加；经济损失越大、环境影响越大，社会影响也就越大。

社会易损度指标用于评估社会应对灾害表现、抢险救援表现和灾后重建表现。不同的城市和省份承灾综合能力不尽相同，并且不完全呈现和经济或环境同步线性发展的特性。例如，北京由于经济发展和物资的充沛，其抗灾和灾后恢复能力相对较好，但是人口众多及城市特殊性，其相对的灾害敏感度较强，救灾难度和复杂度也较高。所以，社会易损度综合指标是一个复合型的指标，能够较好地科学反映一个城市或地区的社会影响因子的强韧度。

4.3　溃坝洪水演进模拟

溃坝洪水演进模拟是定量评估溃坝风险后果的重要内容之一。通过对溃坝洪水的模拟，获取坝址下游各区域内的水深、流速等水情数据，进而建立评估模型来预评估溃坝后果，可为有关部门制订应急预案提供参考和支持。

本节首先对溃坝洪水模拟演进内容进行阐述，接着根据研究角度和采用的方法不同，将溃坝风险后果评估分为经验模型、物理模型和折衷模型 3 类，分别对其优缺点进行分析并应用于工程模拟分析。

4.3.1　水文计算模型和水动力计算模型

准确模拟溃坝洪水是科学评估溃坝后果的关键。目前，国内外对于溃坝洪水的演进已经有了较深入的研究，其主要方法可分水文模型和水动力模型两大类。

（1）水文模型计算方法有马斯京根法、洪峰展评公式、M-C 模型、K-M 模型和谢任之统一公式等。水文模型法资料要求较少，只需洪水实测资料，不需要河道断面及糙率等地形数据，应用简单。但是它把河道看作是线性的，不适合具有突变河道的洪水计算，精度也较低。

（2）水动力模型的计算方法可分为恒定流计算和非恒定流计算。溃坝洪水是非恒定流，其计算主要原理是一维和二维圣维南方程组。一维方程组主要计算河道内的水面线高度，二维方程组则可计算河道外行洪区的洪水演进情况，计算结果包括淹没范围、水深、流速等水情信息。圣维南方程组由法国 Adhémar Jean Claude Barré de Saint-Venan 提出，属于一阶线性双曲型偏微分方程，精确求解困难，实践中往往采用近似的求解方法，主要有 4 种：直接差分法、特征线法、瞬时流态法和微波幅理论法。直接差分法是工程中最常用的方法；特征线法数学分析严谨，计算精度最高；瞬时流态法应用最早，但是由于过于简化，精度不足，现已被上述两种方法取代；微波幅理论法仅适用于波高很小、波长很大的情况。

相比水文模型,水动力模型的模拟结果更为真实和准确,但所需资料较多且计算量大。然而随着计算机技术的发展,问题得到解决,由此发展出许多比较成熟的水动力模型软件,比较有代表性的有:MIKE 模型、BREACH 模型、DAMBREAK 模型、DB-IWHR 模型和 HEC-RAS 模型等。目前,水动力模型已成为洪水演进模拟技术的主流方法。

4.3.2　实例应用——基于 HEC-RAS 的陆浑水库溃坝洪水演进模拟

目前较成熟的水动力计算模型有许多种,每种模型也有其特点。虽然在具体建模细节上有所差异,但是总体的建模思路是相同的,具体参数设定上也有一些共通之处,可以相互借鉴。本节基于 HEC-RAS 水动力模型对陆浑水库潜在溃坝洪水进行模拟,对建模过程中的参数设定进行具体分析。

4.3.2.1　HEC-RAS 水动力模型的特点

HEC-RAS 水动力计算模型有一维模型、二维模型和一二维耦合模型 3 种。一维模型主要用于对河道内水面线进行计算,二维模型和一二维耦合模型还可以对漫过河堤的洪水演进情况进行模拟。溃坝风险后果评估的研究对象主要针对河道外,因此一维模型并不适用。一二维耦合模型与二维模型的区别在于对河道的构建上,一二维耦合模型是通过选取典型断面来表现河道的变化情况,而二维模型则不区分河道内外,统一使用数字高程模型(digital elevation model,DEM)数据或三角形不规则网络(triangle irregular network,TIN)数据来反映整个研究区域内的地形变化情况。由于一二维耦合模型用典型断面来表征河道,所用的数据量较小,因此计算速度较快。但在模型计算过程中,在耦合边界处容易产生计算误差,当误差累积较大时易导致模型失稳跳出。两类模型各有优势,在使用时可根据实际需求进行选择。本节选择二维模型进行潜在溃坝洪水模拟。

4.3.2.2　陆浑水库流域概况

陆浑水库是一座以防洪为主,兼具灌溉、发电、养殖、供水和旅游的大(1)型水库。水库控制流域面积 3 492 km²,占伊河流域面积的 57.9%。水库死水位 315.00 m,死库容1.55 亿 m³,正常蓄水位 319.50 m,兴利库容 5.83 亿 m³,设计水位 327.50 m,设计标准为1 000 年一遇洪水,校核水位 331.80 m,校核标准为 10 000 年一遇洪水。水库主坝为黏土斜墙砂壳坝,坝长 710 m,最大坝高 55 m,坝顶高程 333 m,坝顶宽 9 m。

陆浑水库位于黄河二级支流伊河上游的河南省洛阳市嵩县。伊河发源于秦岭山系的伏牛山脉,流经栾川、嵩县、伊川和偃师 4 个县(区),在偃师区杨村与洛河交汇,称为伊洛河。伊河流域位于我国的季风区,在夏季,流域内高温、多雨;在冬季则低温、少雨。流域内降水季节性变化大,多年平均降水量 657.4 mm(1966～2007 年陆浑水库站实测平均值),夏季降水量占全年的一半以上,且降雨主要集中在 7、8 月。由于暴雨和下垫面坡度大的影响,伊河很容易形成洪水,且洪水具有陡涨陡落、量大峰高的特点。

伊河上游大部分地段地势比较开阔,河床宽度为 1 km 左右,然而至水库坝址处,河床骤然收缩至 330 m 左右,两岸为峡谷地形。水库下游嵩县和伊川县的居民主要沿河道附近平坦区域居住,距河道较远的山地区域居民较少。狭窄峡谷地形一直延伸至洛龙区龙门石窟区域。在龙门石窟的下游区域,地形开阔、人口密集、房屋林立、交通发达,是许多政府、企业、学校、商场的主要所在地。流域总体概况如图 4-1 所示。

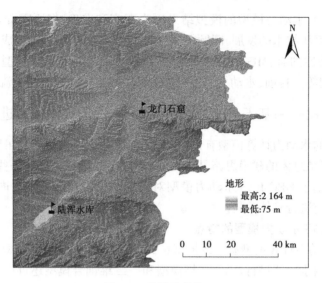

图 4-1　流域总体概况

4.3.2.3　参数设定分析

1. 溃口参数设定

陆浑水库主坝为土石坝。土石坝溃坝原因一般有以下 4 种:①因超标洪水或泄洪能力不足等原因导致漫顶溃坝;②因工程质量问题,发生管涌、渗透、滑坡等溃坝;③因超蓄、维护不良等管理问题发生溃坝;④遭遇地震或战争导致溃坝。

根据溃坝资料统计,漫顶是土石坝失事的最主要原因,占 47.85%,因此模拟陆浑水库因漫顶溃坝。在非地震或战争的情况下,土石坝庞大的土方量在溃坝时不可能被瞬间冲走,因此为逐渐溃坝。溃口的宽度可由经验公式或物理模型模拟出来,然而溃口的高度目前还没有权威的方法来预测。在此考虑最不利的情况,将模拟的工况设定为:漫顶溃坝,横向局部溃坝,竖向溃至坝底。在 HEC-RAS 中输入坝体相关参数并选择公式后,预测溃口在 1.35 h 后达到最大,最终底宽 165 m,溃口最大流量为 57 769 m^3/s。

2. 计算网格划分

计算网格的大小对计算精度和时间有着显著的影响。计算网格划分过大,则不能保证模拟的精度,过小则会导致网格数量过多,增加模拟时间。因此,需要根据研究范围合理设定网格的大小。本次模拟中,对有线性障碍物的地方(公路,桥梁等)地形进行精细化处理,其余地方计算网格大小设置为 100 m×100 m,总共生成 119 149 个计算网格,如图 4-2 所示。

3. 糙率设定

生成计算网格后需要对计算网格的糙率进行设定。糙率反映下垫面的粗糙度,与水深、流量、泥沙等因素有关,其取值直接影响到计算结果。对糙率进行严格取值需要根据实测资料来率定,但往往会受限于实际条件,尤其对于大范围的洪水演进问题更是如此,因此可以参考现有研究成果对河道、滩地的糙率进行取值。不同河道和滩地的糙率取值参照表 4-1。

图 4-2　研究区计算网格划分

表 4-1　天然河道和滩地糙率

河槽类型及情况	最小值	正常值	最大值
第一类　小河(汛期最大水面宽度 30 m)			
1. 平原河流			
(1)清洁、顺直、无沙滩、无潭	0.025	0.030	0.033
(2)清洁、顺直、无沙滩、无潭、但多草多石	0.030	0.035	0.040
(3)清洁、弯曲、少许有淤滩和潭坑	0.033	0.040	0.045
(4)清洁、弯曲、少许有淤滩和潭坑,但有草石	0.035	0.045	0.050
(5)清洁、弯曲、少许有淤滩和潭坑,有草石,但水深较浅,河堤坡度多变,平面上回流区较多	0.040	0.045	0.050
(6)清洁、弯曲、少许有淤滩和潭坑,有草石并多石	0.045	0.050	0.060
(7)多滞流河段,多草,有深潭	0.050	0.070	0.080
(8)多丛草河段,多深潭,或草木滩地上的过洪	0.075	0.100	0.150
2. 山区河流(河槽无草木,河岸较陡,岸坡树木过洪时被淹没)			
(1)河底:砾石,卵石间有孤石	0.030	0.040	0.050
(2)河底:卵石或大孤石	0.040	0.050	0.070
第二类　大河(汛期水面宽度大于 30 m)河岸阻力相对于上述小河各种情况,由于河岸阻力变小,糙率值略小			
1.断面比较规整,无孤石或丛木	0.025		0.060
2.断面不规整,床面粗糙	0.035		0.100

续表4-1

河槽类型及情况	最小值	正常值	最大值
第三类　洪水期滩地漫流			
1. 草地无丛木			
(1)矮草	0.025	0.030	0.035
(2)长草	0.030	0.035	0.050
2. 耕种面积			
(1)未熟庄稼	0.020	0.030	0.040
(2)已熟成行庄稼	0.025	0.035	0.045
(3)已熟密植庄稼	0.030	0.040	0.050
3. 灌木丛			
(1)杂草丛生,散布灌木	0.035	0.050	0.070
(2)稀疏灌木丛和树(冬季)	0.035	0.050	0.060
(3)稀疏灌木丛和树(夏季)	0.040	0.060	0.080
(4)中等密度灌木丛(冬季)	0.045	0.070	0.110
(5)中等密度灌木丛(夏季)	0.070	0.100	0.160
4. 树木			
(1)稠密柳树,在夏季,不被水流冲刷,弯倒	0.100	0.150	0.200
(2)仅有树木残株,未出新枝	0.030	0.040	0.050
(3)仅有树木残株,生长很多新枝	0.050	0.100	0.160
(4)稠密树木,很少矮树,有许多生长于大树下的草木			
①洪水在树枝以下	0.060	0.100	0.120
②洪水到达树枝	0.100	0.120	0.160

对于人类的生活用地,可参照相关文献确定取值:城镇用地(指大、中、小城市及县镇以上建成区用地)可取 0.025 左右;农村居民点(指独立于城镇以外的居民点)可取 0.030 左右;其他建设用地(指工矿、大型工业区、油田、盐场、采石场等用地以及交通道路、机场及特殊用地)可取 0.025 左右。

4. 初始条件及边界条件设定

HEC-RAS 二维非恒定流模拟可以在软件中自动计算溃口的流量过程,并将其作为下游溃坝洪水演进的上边界条件,模型的下边界条件设置为水库下游河床底坡坡度。初始条件包括水库初始水位和下游河道的初始水深的设定。由于缺乏详细资料,且考虑到陆浑水库为大(1)型水库,当溃坝时,无论是水库上游的来水量还是下游河道的初始水深,与巨大的溃坝流量相比影响微乎其微,因此可不进行考虑,将水库初始水位高程设置为 333 m,达到触发漫顶溃坝的失效条件,下游河道初始水位的高程留空。

4.3.2.4　溃坝洪水模拟结果

模拟的计算步长设定为 10 s,模拟时间设定为 24 h,模拟结果如图 4-3 所示。

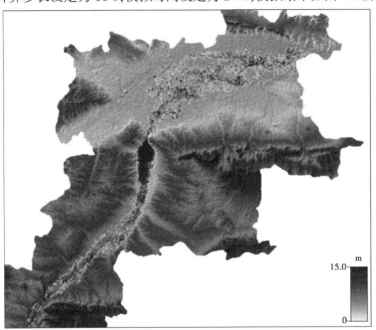

(a)最大水深

(b)最大流速

图 4-3　陆浑水库溃坝下游各位置的最大水深、流速分布模拟

4.4　水库大坝风险后果分析方法

与水库大坝风险概率分析相似,风险后果分析的方法总体上也可分为绝对性评估和相对性评价两大类。所谓绝对性评估,就是直接量化出风险后果的多少,结果具有通用性。而相对性评价的基本思路是基于一定的数学方法,在构建评价指标体系的基础上,通过分析基础指标并进行赋值,采用递归计算等方式计算风险后果的评价值并进行等级划分(通常分为一般、严重、极其严重等3~5个等级)。因其可有效用于不同大坝风险后果严重程度排序,但是并未给出各等级的对应值,即评价结果具体表示什么样的后果,因而属于相对性的评价。

4.4.1　风险后果绝对性评估方法

4.4.1.1　经验模型

经验模型主要是通过对历史资料进行回归分析,建立风险后果与一些关键影响因素之间的关系,从而对溃坝后果进行评估。

1. Brown & Graham 法

Brown 和 Graham 利用数学统计方法对美国和世界各国历史上发生的一些溃坝生命损失数据进行分析,建立了简单的溃坝损失经验估计公式:

当 $T_W < 0.25$ h 时

$$LOL = 0.5PAR \tag{4-1}$$

当 0.25 h $< T_W < 1.50$ h 时

$$LOL = 0.06PAR \tag{4-2}$$

当 $T_W < 1.50$ h 时

$$LOL = 0.000\ 2PAR \tag{4-3}$$

式中:T_W 为警报时间;LOL 为生命损失;PAR 为风险人口。

该方法对许多因素过于简化,导致结果有较大的不连续性。例如风险人口为 1 000人,警报时间为 0.25 h,如果在 $T_W < 0.25$ h 区间计算,生命损失可能达到 500 人;但在 0.25 h $< T_W < 1.50$ h 区间时,生命损失仅为 60 人。

2. Assaf 法

加拿大 BC Hydro 公司的 Assaf 等基于前人的经验统计和回归分析,引入可靠度概念,利用溃坝模拟技术和概率论来估算溃坝生命损失。该方法的计算精度较之前的方法有所提升,但是迭代计算过程过于烦琐,另外该方法也缺少对人抵抗溃坝洪水灾害的主观能动性分析。

3. Dekay & McClelland 法

美国 Colorado 大学的 Dekay 与美国垦务局的 McClelland 考虑溃坝洪水严重性的不同,提出了描述生命损失与风险人口之间非线性关系的经验估计公式。

对于高严重性洪水(指被淹没的居住区不小于 20% 被摧毁或被严重毁坏),溃坝生命损失计算公式为:

$$LOL = \frac{PAR}{1 + 13.277PAR^{0.440}e^{2.982T_W - 3.790}} \tag{4-4}$$

其近似式为：

$$LOL \approx 0.75PAR^{0.560}e^{-2.982T_W + 3.790} \tag{4-5}$$

对于低严重性洪水(指被淹没的居住区小于20%被摧毁或被严重毁坏)，溃坝生命损失计算公式为：

$$LOL = \frac{PAR}{1 + 13.277PAR^{0.440}e^{0.759T_W}} \tag{4-6}$$

其近似式为：

$$LOL \approx 0.075PAR^{0.560}e^{-0.759T_W} \tag{4-7}$$

该方法仅将溃坝洪水严重性分为高严重性洪水和低严重性洪水两类，导致结果较为粗糙且具有较大的随意性。

4. 李-周法

南京水利科学研究院的李雷和周克发总结我国已溃8座大坝的相关资料，将风险人口、警报时间、洪水严重性程度和对溃坝理解程度4个影响因素归为直接影响因素，将风险人口中的青壮年比例、天气、溃坝发生时间、与大坝的距离、应急预案实施情况、坝高、库容、下游坡降和建筑物抗冲能力9个因素归为间接影响因素，在 Graham 法的基础上提出了适合我国国情的溃坝生命损失死亡率参考表，如表4-2所示。

表 4-2　李-周法溃坝风险人口死亡率参考表

洪水严重性程度 S_F	警报时间 T_W	人口对溃坝严重性的理解程度 U_D	死亡率 f	
			建议均值	建议范围
高 ($S_F > 12\ m^2/s$)	无警报 (<0.25 h)	模糊	0.750 0	0.300 0~1.000 0
		明确	0.250 0	0.100 0~0.500 0
	部分警报 (0.25~1 h)	模糊	0.200 0	0.050 0~0.400 0
		明确	0.001 0	0.000 0~0.002 0
	充分警报 (>1 h)	模糊	0.180 0	0.010 0~0.300 0
		明确	0.000 5	0.000 0~0.001 0
中 ($S_F > 4.6\ m^2/s$)	无警报 (<0.25 h)	模糊	0.500 0	0.100 0~0.800 0
		明确	0.075 0	0.020 0~0.120 0
	部分警报 (0.25~1 h)	模糊	0.130 0	0.015 0~0.270 0
		明确	0.000 8	0.000 5~0.002 0
	充分警报 (>1 h)	模糊	0.050 0	0.010 0~0.100 0
		明确	0.000 4	0.000 2~0.001 0

续表 4-2

洪水严重性程度 S_F	警报时间 T_W	人口对溃坝严重性的理解程度 U_D	死亡率 f	
			建议均值	建议范围
低 ($S_F \leqslant 4.6 \text{ m}^2/\text{s}$)	无警报 (<0.25 h)	模糊	0.030 0	0.001 0~0.050 0
		明确	0.010 0	0.000 0~0.020 0
	部分警报 (0.25~1 h)	模糊	0.007 0	0.000 0~0.015 0
		明确	0.000 6	0.000 0~0.001 0
	充分警报 (>1 h)	模糊	0.000 3	0.000 0~0.000 6
		明确	0.000 2	0.000 0~0.000 4

5. 赵一梦法

赵一梦等根据我国已溃水库的相关资料,借鉴已有研究成果,着重分析了警报时间与撤离率、溃坝洪水严重性与避难率的关系曲线,结合未避难人口的死亡率函数,得到溃坝生命损失初步估算值;用模糊综合评价法确定生命损失的修正系数,最终得到系统的溃坝生命损失估算模型与方法。

基于历史数据使用 Matlab 软件建立风险人口撤离率 R_e 与警报时间 t 之间的关系,如式(4-8)和式(4-9)所示。

农村区域:

$$R_e = \begin{cases} 0 & 0 \leqslant t < 15 \\ \dfrac{0.350\,5t^3 + 11.51t^2 - 33.63t + 336.8}{100(t^2 - 76.13t + 2\,552)} & 15 \leqslant t < 130 \\ 1 & t \geqslant 130 \end{cases} \tag{4-8}$$

城镇区域:

$$R_e = \begin{cases} 0 & 0 \leqslant t < 10 \\ \dfrac{0.048t^3 + 49.08t^2 - 617.8t + 1\,560}{100(t^2 - 74.73t + 2\,492)} & 10 \leqslant t < 80 \\ 1 & t \geqslant 80 \end{cases} \tag{4-9}$$

运用回归分析法建立未撤离人口的避难率 R_s 与洪水严重性程度 S_F 之间的关系,如式(4-10)所示。

$$R_s = \begin{cases} 1 & 0 \leqslant S_F < 3 \\ -1.275\,4\ln S_F + 2.470\,8 & 3 \leqslant S_F \leqslant 7 \\ 0 & S_F > 7 \end{cases} \tag{4-10}$$

结合暴露人口死亡率,可初步计算溃坝生命损失,如式(4-11)所示。

$$\text{LOL} = (1 - R_e)(1 - R_s)F_D\text{PAR} \tag{4-11}$$

式中:R_e 为撤离率;R_s 为避难率;F_D 为暴露人口死亡率;其余符号意义同前。

考虑上水库大坝下游地区的人口状况、建筑交通条件等其他因素对撤离、避难造成的影响,引入修正系数 B_r 对计算得出的溃坝生命损失进行修正,如式(4-12)所示。

$$B_r = \sum_{i=1}^{5} \theta_i b_i \tag{4-12}$$

式中:θ_i 为极小、较小、中等、较大、极大 5 个等级对应的影响系数,根据层次分析法和模糊综合评价法,确定其大小分别为 0.90、0.95、1.00、1.05 和 1.10;b_i 为综合影响状况下对 5 个等级的隶属度。修正后的生命损失计算公式如式(4-13)所示。

$$LOL = (1 - R_e)(1 - R_s) F_D PAR B_r \tag{4-13}$$

6. 其他方法

除上述研究外,还有范子武和姜树海按照防洪工程漫顶失事的逻辑过程提出了防洪风险率的定量计算方法,引入了人员伤亡预测的经验公式;宋敬衔和何鲜峰研究了个体生命损失和社会生命损失的估算方法,并就其中的不确定性因素进行分析,对传统的估算方法进行了改进;Sun 等在基于 Monte-Carlo 及拉丁超立方抽样模拟溃坝洪水条件下,采用 Graham 法计算生命损失等。

上述方法充分借鉴了历史统计资料,并对相关不确定因素对溃坝生命损失造成的影响逐步进行了深入的分析和考虑,方法的合理性和成果的准确性不断提升。但是随着社会、经济的不断发展,同样事故造成的风险后果与以前会有很大不同,过于偏重历史统计资料的方法难以反映这种差异,因此在溃坝风险后果预测方面存在一定不足。此外,我国溃坝资料的缺乏,使其不得不面对小样本问题。溃坝后果影响因素多和统计资料不足之间的矛盾,导致上述方法在数学上存在很大的难度。另外,部分分析方法假设某些因素为固定,与实际情况有较大的差距,也限制了其准确性和实用性。

4.4.1.2　物理模型

物理模型是从风险后果形成的机制出发,明确预警时间、人们风险意识等因素作用下的风险人口撤离情况和溃坝洪水严重性、建筑物稳定性等因素作用下的暴露人口损失率,进而计算溃坝风险后果,评估模型的准确性显著提高。

1. Graham 法

Graham 建议应基于溃坝洪水的严重性估算溃坝生命损失,给出了考虑洪水预报发布时间的溃坝风险人口死亡率表(见表 4-3),并提出了估算生命损失的基本步骤:

(1)确定要评估的溃坝工况(溃坝模式、溃坝洪水情况等);

(2)确定溃坝发生的时间;

(3)确定发布溃坝的警报时间 T_W;

(4)估算各种溃坝工况下的淹没区域;

(5)估算各种溃坝工况和时间条件下的风险人口 PAR;

(6)运用经验公式或方法估算生命损失 LOL;

(7)评估不确定性。

表 4-3　Graham 法的风险人口死亡率建议表

溃坝洪水严重性程度 S_F	警报时间 T_W	溃坝理解程度 U_D	死亡率 f(预期风险人口死亡概率)	
			建议值	建议值范围
高	无警报	不适合应用	0.75	0.30~1.00
	0.25~1.0 h	模糊	无	无
		明确		
	>1.0 h	模糊		
		明确		
中	无警报	不适合应用	0.25	0.03~0.35
	0.25~1.0 h	模糊	0.04	0.01~0.08
		明确	0.02	0.005~0.04
	>1.0 h	模糊	0.03	0.005~0.06
		明确	0.01	0.002~0.02
低	无警报	不适合应用	0.01	0~0.02
	0.25~1.0 h	模糊	0.007	0~0.015
		明确	0.002	0~0.004
	>1.0 h	模糊	0.000 3	0~0.000 6
		明确	0.000 2	0~0.000 4

2. RESCDAM 法

芬兰的 Reiter 遵循 Graham 法提出一种简化的生命损失估算方法。该方法不仅考虑了风险人口、警报时间、洪水严重性程度和对溃坝理解程度,而且分析了它们的特点以及一些其他因素(溃坝原因和类型、溃坝的时间和天气、风险人口的自身易损性、所在区域的地形地貌和救援能力等)的影响。该方法最重要的特点是根据溃坝模式对溃坝洪水进行分区,再分别加以估算。该方法在 Graham 法基础上,提出了一个溃坝生命损失估算公式,如式(4-14)所示。

$$\text{LOL} = \text{PAR} \cdot f \cdot i \cdot c \tag{4-14}$$

式中:f 为 Graham 法给出的死亡率建议平均值;i 为溃坝洪水严重性影响因子(考虑了生活环境和人口易损性等的影响);c 为修正因子(考虑了各区域考虑警报效率与救援能力等的影响)。

RESCDAM 项目对洪水中人口的不稳定性和房屋破坏的试验,结合已有成果和历史资料,将溃坝洪水划分为 3 个区域,并分别提出了每个区域内暴露人口(exposed population)的死亡率函数。3 个区域的划分标准及对应的暴露人口死亡率(F_M)如下:

（1）溃决区：$S_F \geqslant 7$ m²/s 且 $v \geqslant 2$ m/s。此区域洪水破坏力极强，建筑物一般都被摧毁，风险人口生存的概率很渺茫，死亡率可以被认为是一个定值：$F_M = 1$。

（2）洪水快速上升区：上限 $v < 2$ m/s 或 $S_F < 7$ m²/s，下限 $D \geqslant 2.1$ m 且洪水上升速率 $W > 0.5$ m/h。死亡率函数为：

$$F_M = \Phi_N \left(\frac{\ln D - 1.46}{0.28} \right) \tag{4-15}$$

式中：Φ_N 为累积正态分布函数；D 为水深。

（3）剩余区域：除以上两个区域外的区域为剩余区域，此区域洪水强度已大幅度减弱，人的生还可能较大，其死亡率函数为：

$$F_M = \Phi_N \left(\frac{\ln D - 7.6}{2.75} \right) \tag{4-16}$$

3. Jonkman 法

Jonkman 总结了不同地区对不同类型洪灾损失的评估方法，充分考虑暴露人口的死亡率而提出了一种新的评估方法，其评估生命损失的步骤如图 4-4 所示。

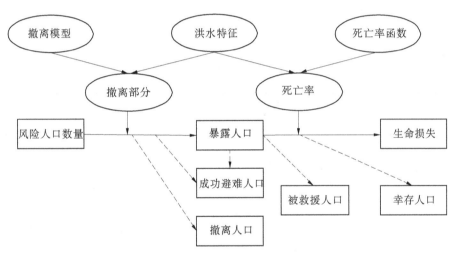

图 4-4　生命损失评估一般步骤

4. 其他方法

除上述方法外，还有 McClelland 和 Bowles 提出的一种基于溃坝下游淹没区域划分和风险分析相结合的生命损失估算方法（McClelland & Bowles 法）；美国陆军工程兵团、美国垦务局和澳大利亚大坝委员会支持构建的 LIFESim 等生命损失计算模型等。

上述基于致灾机制分析所构建的各个模型在分析不同工况下的风险后果时，结果的分布规律较为一致，但是在具体数值方面甚至会出现接近一个数量级的差异。产生这种现象的主要原因是不同方法在确定风险因素对风险后果影响程度方面有着较大差异。

相关研究人员针对影响因素与风险后果之间的不确定性关系进行了进一步的分析。Judi 等探讨了溃坝洪水淹没范围和深度的分析精确度对生命损失和经济损失评估的影响；Kolen 等分析了用于应急疏散的时间以及条件（包括公众和政府部门对洪水的反应及对基础设施的使用)在生命损失管控方面的不确定性;Cleary 等分析了大坝不同失事模式下风险后果的差异;Andrew 分析了应急预案对溃坝洪水淹没人口和财产的影响;Komolafe 等分析了斯里兰卡、泰国和日本 3 个国家洪灾损失估计方法的特点,研究了建筑物脆弱性指数对风险后果的影响。上述研究为构建更为准确的风险后果分析模型奠定了一定的基础。

4.4.1.3 折衷模型

折衷模型结合了经验模型和物理模型的优点。根据洪水的物理特性将其分为若干子区域,在每个区域内结合历史数据对损失率进行修正,进而评估溃坝后果。折衷模型一般与计算机模拟和 GIS 等手段相结合,相比以往只考虑下游风险人口总数和经济总量而不考虑其实际分布的分析,准确性显著提高,成为目前的主流研究方向。

1. 基于风险人口避难模拟的溃坝生命损失评估

以陆浑水库为例,在模拟潜在溃坝洪水的基础上(模拟过程见 4.3 节),充分考虑风险人口的主观避难行为,对潜在溃坝生命损失进行评估。

1) 主要影响因素识别

溃坝洪水灾害系统具有模糊性、动态性和非线性的特点,结合已有研究,根据指标选取原则和灾害学理论,从致灾因子、承灾体和孕灾环境 3 个方面识别生命损失主要影响因素,如表 4-4 所示。

表 4-4　影响生命损失的主要因素

指标		释义	英文缩写
致灾因子	洪水的严重性程度	水深和流速的乘积	S_F(flood severity)
	暴露人口死亡率函数	没有进行撤离或就近避难失败,直接暴露在洪水中人口的死亡率函数	F_M(mortality function)
承灾体	风险人口	淹没范围内水深不低于 0.3 m 的所有人口	PAR(population at risk)
	风险人口的反应时间	收到警报后通知家属和收拾行李等在进行避难前花费的时间	T_R(respond time)
孕灾环境	警报时间	警报发布后至风险人口撤离前的时间	T_W(warnning time)
	交通方式	撤离时选择的交通工具	M_T(transpotation modes)
	撤离路径	撤离时选择的路径	P_E(evacuation path)
	建筑物易损性	建筑物抵抗洪水能力	V_B(building vulnerability)

2) 生命损失形成过程分析

根据风险人口-撤离人口(或未撤离人口)-暴露人口-死亡人口的逻辑关系,考虑主要影响因素的作用,确定出溃坝造成生命损失的过程,如图4-5所示。

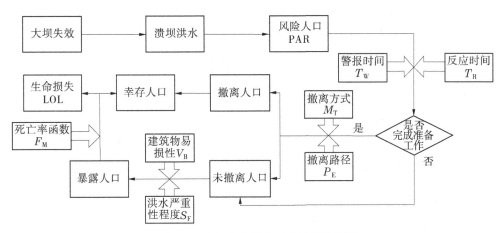

图4-5　溃坝生命损失形成过程示意图

以上生命损失发生的具体过程可划分为以下6个环节。

(1)溃坝产生洪水。

溃坝的原因可分为漫顶(超标洪水、泄洪能力不足)、质量问题(坝体渗漏、坝体滑坡、溢洪道质量差等)、管理不当(超蓄、维护运用不良、无人管理等)和其他(白蚁筑巢、工程设计不当、地震、战争等)4类。它们导致大坝主体或附属结构物破坏而引起溃坝洪水,对下游人口生命安全产生威胁。

(2)溃坝洪水产生风险人口。

风险人口(PAR)是影响生命损失的关键因素,对于每一种溃坝工况,均要分析确定风险人口的数量。风险人口的数量主要与洪水的淹没范围和风险人口的分布状态有关。参照国内外经验,将溃坝洪水淹没区内的人口数量称为风险人口。

(3)风险人口完成准备工作。

风险人口的准备工作包括两个部分:接受警报和做出反应。风险人口在撤离前需要完成准备工作。定义及时完成准备工作的人口 POP_{pre}(population who complete preparation work)占 PAR 的比例为准备率 R_P(preparedness rate),如式(4-17)所示。没有完成准备工作的人口将成为未撤离人口 POP_{un-eva}(un-evacuated population)的一部分。

$$R_P = \frac{POP_{pre}}{PAR} \tag{4-17}$$

(4)风险人口进行撤离。

在洪水到来之前已经完成准备工作并到达安全区域的撤离人口 POP_{eva}(evacuated population)占 POP_{pre} 的比例定义为撤离率 R_e(evacuation rate),如式(4-18)所示。未能撤离到安全地区的人口成为 POP_{un-eva} 的另一部分。

$$R_e = \frac{POP_{eva}}{POP_{pre}} \tag{4-18}$$

(5)未撤离人口在房屋中躲避洪水。

POP_{un-eva} 会在周围就近避难(房屋、高地等),所在地及下游的建筑物是他们的主要避难所。部分建筑物能成功抵御洪水的冲击使人口幸存,定义这部分幸存人口 $POP_{suc\text{-}shel}$(population of successful shelter inside buildings)占 $POP_{un\text{-}eva}$ 的比例率为躲避率 R_s(shelter rate),近似用房屋的破坏比例确定,如式(4-19)所示。

$$R_s = \frac{POP_{suc\text{-}shel}}{POP_{un\text{-}eva}} = \frac{NUM_{un\text{-}dest}}{NUM_{buil}} \tag{4-19}$$

式中:$NUM_{un\text{-}dest}$ 为成功抵御洪水冲击的房屋数量;NUM_{buil} 为在洪水中房屋的总量。

(6)洪水导致暴露人口死亡。

未能成功抵御洪水的建筑物被摧毁,导致躲避在里面的人暴露在洪水中成为暴露人口 POP_{exp}(exposed population),一些暴露人口因洪水而丧生。将 F_M 设置为 POP_{exp} 的死亡概率,则可以通过公式(4-20)计算生命损失。

$$LOL = POP_{exp} \times F_M \tag{4-20}$$

综上所述,最终的生命损失可由式(4-21)计算。

$$LOL = PAR(1 - R_P R_e)(1 - R_s)F_M \tag{4-21}$$

式中:PAR、F_M 由溃坝洪水决定;R_P、R_e 和 R_s 均是用于描述在洪水威胁下风险人口的避难行为。

因此,准确模拟溃坝洪水和风险人口的避难行为,是准确分析生命损失的基础与关键。

3)相关参数的量化方法

(1)风险人口 PAR 的确定。

风险人口主要取决于溃坝洪水淹没范围和人口在淹没区内的分布状态。对于小型和一些中型水库溃坝,下游淹没区内的人口较少,可通过典型调查的方式获取不同时间、不同季节的人口分布情况。而对于大(1)型的陆浑水库,由于潜在溃坝淹没范围很大,很难详细分析每一处人口的分布情况,因此可将一定范围内的风险人口视为一个点,通过统计各居民点人口总数,得出风险人口,如式(4-22)所示。

$$PAR = \sum_{i=1}^{n} PAR_i \tag{4-22}$$

式中:n 为被淹没居民点个数;i 为某个居民点;PAR_i 为该居民点的人口。

(2)准备率 R_p 的确定。

人们从各种途径收到警报消息(例如政府、亲朋好友、电子媒体、广播和社交软件等)需要一定的警报时间 T_W;另外,人们在收到警报后往往会通知自己的亲朋好友、从工作地点返回家和等待其余成员及收拾行李等,也需要一定的反应时间 T_R。Urbanilk 给出了接收到警报时间(T_W)与做出反应时间(T_R)的概率分布,如表 4-5 和表 4-6 所示。

表 4-5　接收到警报时间(T_W)概率分布

$t/\min$	每个时间段概率/%	累积概率/%
5	20	20
10	40	60
15	40	100

表 4-6　做出反应时间（T_R）概率分布

t/min	每个时间段概率/%	累积概率/%
5	15	15
10	15	30
15	30	60
20	15	75
25	15	90
30	10	100

　　假设以上两个过程相互独立，根据概率论可知连续事件的概率取决于之前的活动分布，将表 4-5 和表 4-6 中的数据相乘，可得到概率叠加统计，如表 4-7 所示。

表 4-7　T_W 和 T_R 概率叠加分布

各分布概率			T_R分布					
			$t=5$	$t=10$	$t=15$	$t=20$	$t=25$	$t=30$
			$p(t)=$ 0.15	$p(t)=$ 0.15	$p(t)=$ 0.30	$p(t)=$ 0.15	$p(t)=$ 0.15	$p(t)=$ 0.10
T_W分布	$t=5$	$p(t)=$ 0.20	0.03	0.03	0.06	0.03	0.03	0.02
	$t=10$	$p(t)=$ 0.40	0.06	0.06	0.12	0.06	0.06	0.04
	$t=15$	$p(t)=$ 0.40	0.06	0.06	0.12	0.06	0.06	0.04

　　由表 4-7 可知，$t=15$ min 可能是由 5 min 的接收警报时间加上 10 min 的做出反应时间，或者 10 min 的接收警报时间加上 5 min 的做出反应时间构成，因此 $t=15$ min 的概率为两部分之和，依次类推可得出每个时间段的概率，累积后即可得出准备率 R_P 的概率分布，如表 4-8 所示。

表 4-8　准备率 R_P 的概率分布

t/min	每个时间段概率/%	准备率 R_P/%
5	0	0
10	3	3
15	9	12
20	18	30

续表 4-8

$t/\min$	每个时间段概率/%	准备率 R_{p}/%
25	21	51
30	21	72
35	14	86
40	10	96
45	4	100

表 4-8 的结果代表了一般的情况。然而在实际完成准备工作的过程中,时间、人口规模与天气等因素的影响较大,它们可能存在特殊或极端的情况,此时应根据实际情况对准备率进行一定的调整。

(3)撤离率 R_{e} 的确定。

撤离是一个复杂的过程,是交通状况、疏散方式和疏散路线等多种因素综合作用的结果。将居民区人口分布和避难所位置简化为点,将当地路网数据简化为线。根据洪水淹没情况,确定需要撤离的居民点,排除淹没区内的避难点,以居民点为起点,避难位置为终点,在 GIS 中建立 OD 矩阵(origin-destination matrix)。在紧急撤离过程中,花费时间是首要的考虑因素,因此以时间为成本对矩阵进行求解。

在我国,并不是每户家庭都拥有私人汽车,而且溃坝通常具有突发性。在极端情况下,政府可能没有充足的时间组织人员进行撤离,因此考虑风险人口以 4 种方式自行撤离:步行、自行车、摩托车和汽车。

汽车撤离时受路况影响较大,在不同道路类型(高速路、快速路、主干路等)和路况下行驶时间会不一样。道路交通阻抗函数是指路段行驶时间与路段交通负荷之间的函数关系,它是交通网络分析的基础,美国联邦公路局(Bureau of Public Roads)在对大量路段进行交通调查的基础上总结得到了路段通行时间道路流量的关系,如式(4-23)所示。

$$t = t_0 \left[1 + \alpha \left(\frac{Q}{C} \right)^{\beta} \right] \tag{4-23}$$

式中:t 为车辆在路段上的通行时间;t_0 为路段自由流出行时间;Q 为路段车流量;C 为路段设计通行能力;$\alpha = 0.15$;$\beta = 4.0$。

在实际灾害发生后的撤离过程中,路口信号灯主要靠人为控制,可以不予考虑,但是行人四处横穿道路可能对交通状况有较大的干扰,因此引入系数 μ 对 v_0 进行修正,如式(4-24)和式(4-25)所示,μ 的取值标准如表 4-9 所示。

$$t_0 = \frac{l}{v} \tag{4-24}$$

$$v = \mu \cdot v_0 \tag{4-25}$$

式中:l 为路段长度;v 为在车辆路段 l 上的行驶速度;μ 为行人干扰系数;v_0 为路段设计速度。

表 4-9　行人干扰修正系数值

干扰程度	很严重	严重	较严重	一般	很小	无
μ	0.5	0.6	0.7	0.8	0.9	1.0

在理想情况下,以步行、骑自行车和摩托车撤离时的平均速度分别为 6 km/h、16 km/h 和 50 km/h。然而,由于一些道路的通行能力差,往往达不到理想的速度。因此,选择与通行能力有很大关系的道路限速来设定速度。比如在限速 20 km/h 的道路上行驶时,无论是步行还是骑车,都可以达到自己理想的平均速度,而骑摩托车只能达到 20 km/h 的最高速度。每条道路上的疏散时间可以用道路的长度除以平均行驶速度得到。

(4)避难率 R_s 的确定。

在建筑物倒塌、无法提供安全避难所的地方,可能造成重大的生命损失。风险人口选择自己所在区域或附近区域的建筑物作为避难场所,其所需的时间是很短的,因此可以认为洪水到达前已经均匀分布在建筑物内。建筑物破坏主要受洪水强度和建筑物易损性二者的影响。RESCDAM 项目进行了建筑物损害试验,提出了房屋破坏标准,王志军等借鉴其相关成果,提出了我国建筑物损坏标准,如表 4-10 所示。

表 4-10　我国房屋破坏参考标准

房屋类型	破坏标准
泥土结构平房	$D \geqslant 0.9$ m 且 $S_F \geqslant 2$ m²/s
砖砌、混凝土结构平房	$v \geqslant 2$ m/s 且 $S_F \geqslant 7$ m²/s
2 层楼房	$v \geqslant 2.4$ m/s 且 $S_F \geqslant 15$ m²/s
3 层楼房	$v \geqslant 2.4$ m/s 且 $S_F \geqslant 22$ m²/s
4 层楼房	$v \geqslant 2.54$ m/s 且 $S_F \geqslant 29$ m²/s

注:对于更高的楼房,其抵抗洪水能力相当强,可以认为不能被破坏。表中 D 为水深,S_F 为洪水严重性程度,即水深与流速的乘积。

根据表 4-10,房屋的易损性主要由其建筑材料类型和楼层数决定,建筑物材料可通过卫星、遥感数据或实地调查等手段获取,楼层数信息可由建筑物矢量数据转换得出。建筑物矢量数据包括建筑物的底面轮廓信息和高度空间分布信息,底面轮廓信息可以用来判断房屋在哪个破坏区域的洪水中,高度信息可通过对应准则,转化为楼层数信息,如表 4-11 所示。

表 4-11　楼房高度转换层数信息的规则

高度/m	≤4	5~7	8~10	11~13
层数	1	2	3	4

在 GIS 中将洪水根据房屋破坏标准进行分区,然后与转换为楼层信息的建筑物矢量数据叠加分析,即可判断房屋是否被破坏。值得注意的是,一个房屋可能同时处于多个破坏区域,此时应按它处于最严重破坏区域时的情况判断。例如:在 3 层楼房破坏区域,层

数为3层或低于3层的房屋将会被破坏,层数高于3层的房屋不会被破坏;当一个2层楼房同时处于2层楼房破坏区域和3层楼房破坏区域时,那么此时认为它将被破坏。最后利用GIS的频数统计功能,统计出各居民区的房屋破坏数量,即可得出未撤离人口的躲避率R_s。

(5)暴露人口死亡率F_M的确定。

暴露人口死亡率F_M可根据4.4.1.2节中所述的RESCDAM项目研究成果确定。

4)模拟结果

(1)溃坝洪水模拟结果。

经洪水演进分析可知,本模型中所设定工况的溃口在1.35 h后到达最大,最终底宽165 m,溃口最大流量为57 769 m^3/s。下泄洪水由嵩县向下游演进,经过0.8 h后至伊川县内,3.6 h后穿过伊川县到达洛龙区龙门石窟附近,受其狭窄山谷和低洼地势影响,区域内最大水深高达29 m左右,河道中心的流速急剧增加至23 m/s左右。洪水穿过龙门石窟之后,由于下游地势平坦开阔,洪水开始发散,流速渐缓,8.7 h后演进至偃师区。洛阳市内的洪水淹没总面积约为291 km^2,主要涉及洛阳市内嵩县、伊川县、洛龙区和偃师区4个区域内的14个居民点,距坝址由近到远分别是鸣皋镇(A)、白元乡(B)、城关镇(C)、彭婆镇(D)、龙门石窟左岸(E)、龙门石窟右岸(F)、龙门镇(G)、诸葛镇(H)、太康东路街道(I)、李楼镇(J)、佃庄镇(K)、庞村镇(L)、翟镇(M)和岳滩镇(N),潜在淹没情况如图4-6所示。

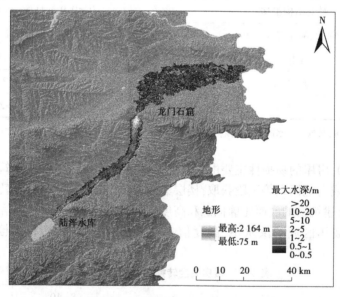

图4-6　洛阳市内居民点淹没情况

(2)风险人口避难行为模拟结果。

陆浑水库所在的洛阳市私家车拥有率为19.55%,每辆车可乘坐2~3人(平均取2.5),假设撤离人员会优先选择乘坐汽车,剩下的人员平均以骑摩托、骑自行车和步行撤离,那么乘坐汽车撤离的居民比例为48.87%,其余3种方式撤离的比例均为17.04%。

在 OD 矩阵中量化出各乡镇风险人口以不同方式撤离所需的时间,如图 4-7 所示。

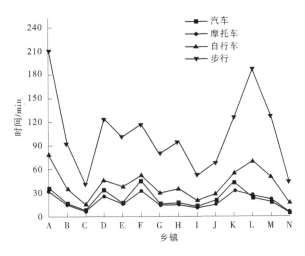

图 4-7 各乡镇撤离所需时间

假定 3 种情况:各乡镇分别在洪水到达前 0 h、0.5 h 和 1 h 发出警报。风险人口成功撤离的条件为可用时间大于所需时间,即:洪水到达时间−(接收警报时间+做出反应时间)>撤离所需时间。根据洪水到达时间和已量化出的撤离所需时间,可计算出为实现成功撤离,完成准备工作时间(接收警报时间+做出反应时间)所允许的最大值,它对应的准备率 R_p 即为风险人口中能成功撤离的比例,即撤离率 R_e。

根据转化为层数后的建筑物矢量数据可知,下游淹没居民区域极少存在一层房屋,同时结合现今基本不存在泥土结构房屋的实际情况,因此可等效于下游的房屋均为砖砌或混凝土结构。以伊川县城关镇为例,使用 GIS 量化下游区域内房屋的破坏情况(如图 4-8 所示)。通过统计模型中区域房屋破坏的比例,进而得出对应的避难率 R_s,同样的可对其余区域避难率 R_s 进行量化。

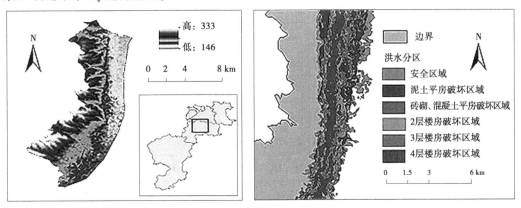

图 4-8 城关镇房屋破坏情况

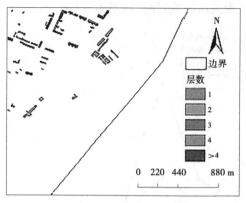
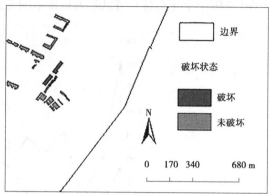

续图 4-8

5)生命损失评估与合理性验证

根据洪水演进和人口避难的模拟结果,各乡镇指标计算情况及潜在生命损失评估结果如表 4-12 所示。

表 4-12　下游 14 个乡镇的潜在生命损失评估结果

乡镇	风险人口 PAR/人	撤离率 R_e/%			躲避率 P_s/%	死亡率 分区	暴露人口 死亡率 F_D	潜在生命损失/人		
		$T_W=0$ h	$T_W=0.5$ h	$T_W=1$ h				$T_W=0$ h	$T_W=0.5$ h	$T_W=1$ h
A	8 614	0	0	31.518	61.670	I	1.000	3 302	3 302	2 261
B	12 527	0	6.588	74.104	55.001	I	1.000	5 637	5 370	1 460
C	21 982	0	27.472	87.390	72.730	I	1.000	5 994	4 809	756
D	10 569	0	0	40.108	67.331	II	0.781	2 697	2 697	1 615
E	6 360	0	5.519	71.415	68.319	III	0.033	66	64	19
F	3 465	0	0	15.094	69.301	III	0.028	30	30	25
G	4 032	0	7.564	73.140	63.674	I	1.000	1 465	1 385	393
H	10 302	0	5.552	73.287	81.853	II	0.113	141	136	38
I	7 426	0	12.295	82.454	77.309	II	0.127	10	9	2
J	29 551	0	3.110	75.181	64.909	III	0.032	332	324	80
K	20 528	0	0	16.334	73.208	II	0.837	4 603	4 603	3 851
L	8 405	0	0.100	56.181	91.422	III	0.007	5	5	2
M	31 043	0	1.820	63.357	71.063	III	0.005	45	44	16
N	20 215	0	17.042	85.471	69.660	III	0.021	129	113	19

运用李-周法计算潜在溃坝生命损失,并与上述模型计算结果进行对比分析,如

表 4-13 所示。

表 4-13 两模型计算结果比较

洪水严重性程度	乡镇	T_W/h	死亡率/%	
			本模型	李-周模型范围
高 ($S_F>12 \text{ m}^2/\text{s}$)	A、B、C、G	0	38.33、45.00、27.27、36.33	(10,100)
		0.5	38.33、42.86、21.88、34.35	(0,40)
		1.0	26.25、11.65、3.44、9.76	(0,40)
中 ($S_F>4.6 \text{ m}^2/\text{s}$)	D、H、I、J、K、N	0	25.51、2.05、2.88、1.12、22.42、0.64	(2,80)
		0.5	25.51、1.97、2.63、1.10、22.42、0.56	(0.05,27)
		1.0	15.28、0.55、0.51、0.27、18.76、0.09	(0.05,27)
低 ($S_F \leqslant 4.6 \text{ m}^2/\text{s}$)	E、F、L、M	0	1.05、0.86、0.06、0.14	(0,5)
		0.5	1.00、0.86、0.06、0.14	(0,1.5)
		1.0	0.30、0.73、0.03、0.05	(0,1.5)

根据表 4-13 可知,在设定的模拟情况下:

白元乡(B)在警报时间为 0.5 h 时,死亡率的评估值为 42.86%,评估结果不在李-周模型的范围之内。这是由于 B 属于乡村区域,与城镇区域相比,其房屋质量较差,仅有约 55%的房屋能有效抵挡区域内的洪水,大多数未撤离人口会暴露在洪水中,因此造成了较大的生命损失。

李楼镇(J)和岳滩镇(N)在警报时间为 0 时,死亡率评估值分别为 1.12%和 0.64%,评估结果不在李-周模型的范围之内。这是因为 J 和 N 的洪水严重性程度为中等,主要是由于其水深较大,然而其流速较小,洪水对房屋和暴露人口产生的冲击有限,因此并不会造成较严重的伤亡。其余乡镇在不同警报时间下的评估结果均在李-周模型范围之内,验证了模型的精准性。

6)结果分析及建议

由图 4-7 可知,鸣皋镇(A)和庞村镇(L)撤离所需用时最长,分别为 210 min 和 187 min,其余居民点完全撤离所需用时均在 130 min 以内,最长为 128 min。L 距坝址较远,洪水到达时间较晚,若预警及时,人口会有充足的时间进行撤离;A 为 14 个居民点中最靠近坝址的乡镇,溃坝洪水在 50 min 内到达,远小于其撤离所需时间,相关部门应优先考虑安排疏散。

其次撤离所需用时较长的乡镇(区域)为彭婆镇(D)、龙门石窟右岸(F)、佃庄镇(K)、翟镇(M),用时分别为 124 min、117 min、126 min 和 128 min。D 和 K 区域内洪水较严重应优先安排撤离。F 的人口以汽车、摩托车和自行车方式撤离所需时间均小于 M,然而以步行方式撤离所需时间要大于 M。因此,应急人员应根据警报时间和疏散所需时间,妥善安排各居民撤离顺序,制定具体疏散措施,尽可能降低潜在的生命损失。

　　值得注意的是,若灾害发生,在警报时间较充足的情况下,将会有较多的居民撤离至核桃园、洛浦公园、洛龙避难所和洛阳市体育场进行避难(如图4-9中▲位置所示),可能会造成人员拥挤的情况。建议在妥善安置受伤人员后,将部分人员转移到附近老城区体育公园、牡丹公园、牡丹广场和王城小学上阳分校等位置进行避难(如图4-9中●位置所示)。另外相对于洛龙区,伊川县内的避难位置较少,造成了人员撤离的不便,建议相关部门在较高区域增加避难所数量,以应对潜在风险。

图 4-9　撤离人员较多的避难位置

　　与现有方法相比,本模型评估潜在溃坝生命损失的同时,量化了撤离时间、有效避难位置等重要信息,便于帮助相关部门有效制定避难策略。另外,实际撤离过程中可能发生意外情况(例如:因车祸、树木断裂和石头滚落等造成道路阻塞或无法通行;因附近建筑物是有毒物质存放处、化工企业、监狱或军事基地等而不能进入躲避),后续研究可在GIS中对矢量数据的相应位置,通过设置路阻或禁行等措施进行处理,以应对突发情况带来的影响。

　　本模型的精度受洪水特性影响较大。因此,在模拟洪水演进的过程中,溃口参数和下游糙率的设定都对演进结果有较大影响,可根据具体情况对参数进一步选择和处理,以保证评估结果的准确性。另外本模型未考虑极端天气(暴雨、大雾、冰雹等)对撤离的影响,而且由于缺乏试验区详细系统的数据,在一些假设情景下对部分参数进行了设定,因此并不能完全代表风险人口真实的避难情况。

　　2.基于生态系统服务价值分析的溃坝洪水生态损失评估

　　1)前坪水库潜在溃坝洪水模拟

　　前坪水库位于河南省洛阳市汝阳县县城以西9 km前坪村,位于北汝河上游,为大(2)型水库,主要任务是防洪,兼有灌溉、供水和发电功能。水库大坝为土石坝,主坝填筑材料为黏土心墙砂砾石,坝长810 m,最大坝高90.3 m,水库总库容5.84亿 m³,控制流域面积1 325 km²。水库位置及研究区概况如图4-10所示。

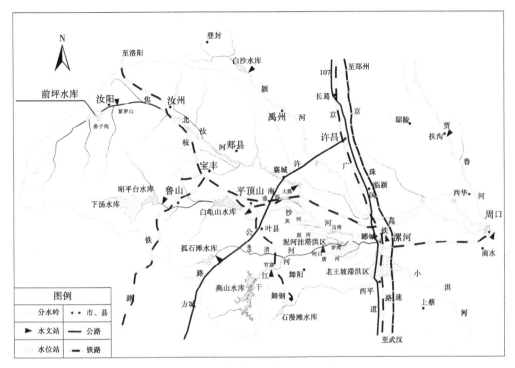

图 4-10　前坪水库位置及研究区概况

水库坝址以下有洛阳市的汝阳县,平顶山市的汝州市、宝丰县、郏县,许昌市的襄城县,总人口 413.71 万,国内生产总值 1 142.64 亿元,工业增加值 557.82 亿元,区间河道长 158.5 km,区间流域面积为 4 755 km。

使用 MIKE 水动力模型模拟前坪水库潜在溃坝(漫顶逐渐溃坝),得到各水情数据在各区域的分布情况,如图 4-11~图 4-14 所示。

由图 4-11~图 4-14 可以看出潜在溃坝洪水在汝州市区上游区域(具体集中在小店镇、三屯乡、汝阳城关镇、上店镇 4 个乡镇的交界处)较为严重,主要是因为河道在此束窄,限制了过流能力,导致水深和流速增大;洪水水深在洪水演进的下游较上游不减反增,结合实际地形图,这样的现象主要是由于该处橡胶坝蓄水。

2)标准生态价值指标的确定

为了促进人类经济社会与生态环境的和谐发展,缓解环境污染、促进生态保护,生态补偿理念被逐渐引入,生态补偿实践工作也在不断推进。国外生态补偿主要指生态环境服务付费,强调"受益者付费"的原则,我国在此基础上引入了环境破坏者需要赔偿的原则。因此,利用生态补偿的各种方式可有效对溃坝造成的生态环境损失进行量化。

为了对破坏的生态进行补偿,首先需要计算该生态系统的价值。目前,生物量、净初级生产力、绿当量、能值、生态足迹、能值生态足迹、生态承载力、生态系统服务价值等指标被广泛用于生态安全、质量、价值的评价中。

生物量、净初级生产力和绿当量主要研究植物的生态作用;能值、生态足迹、能值生态足迹和生态承载力主要用来评价生态的可持续性,反映当前生态系统的状态。而生态系统服务在问题形成阶段中可明确保护对象和属性,在风险分析阶段可联系生态系统结构

图 4-11　以乡镇(街道)为统计单位的溃坝洪水影响区域

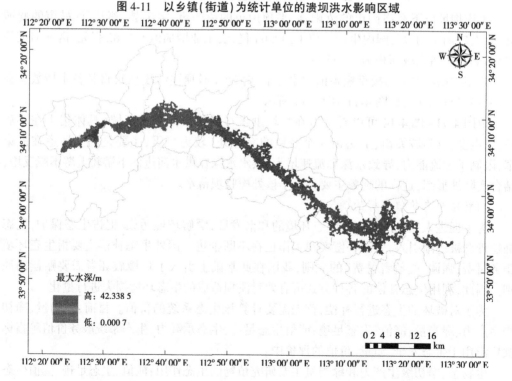

图 4-12　最大水深

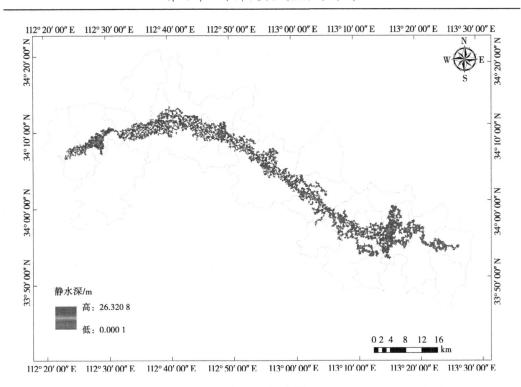

图 4-13　静水深

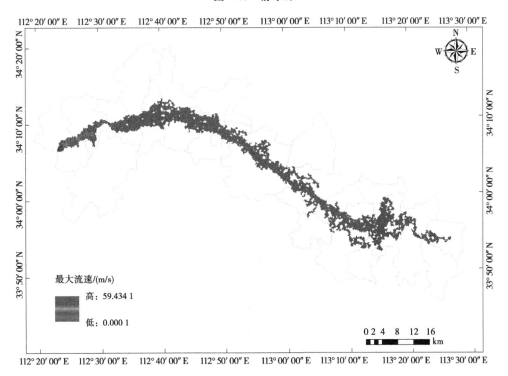

图 4-14　最大流速

过程作用,在风险表征阶段及后续阶段可提供清晰明确的评价结果,加强风险交流和管理,能有效改进生态系统风险评价。所以,可以采用生态系统服务价值表征生态价值,进行(溃坝)洪水的生态损失表征与衡量。

3)基于当量因子法的生态价值估算

目前,生态系统服务价值核算可以大致分为两类:基于单位服务功能价格的方法和基于单位面积价值当量因子的方法。

功能价值法即基于生态系统服务功能量的多少和功能量的单位价格得到总价值,此类方法通过建立单一服务功能与局部生态环境变量之间的生产方程来模拟小区域的生态系统服务功能。但是该方法的输入参数较多、计算过程较为复杂,更为重要的是对每种服务价值的评价方法和参数标准也难以统一。

当量因子法是在区分不同种类生态系统服务功能的基础上,基于可量化的标准构建不同类型生态系统各种服务功能的价值当量,然后结合生态系统的分布面积进行评估。相对于服务价值法而言,当量因子法较为直观易用,数据需求少,特别适用于区域和全球尺度生态系统服务价值的评估。

谢高地等基于 Costanza 等的成果,构建了一种基于专家知识的生态系统服务价值量化方法,提出了当量因子表(见表4-14),并在样点、区域和全国尺度生态系统服务功能价值评估中得到了广泛的应用(土地覆被数据参考文献[86]的分类数据,将生态系统分为旱地、针阔混交林地、草原、灌木丛、湿地、水系、防渗表面、裸地等8种类型)。

表 4-14　生态系统服务价值当量因子

生态系统分类	供给服务			调节服务				支持服务			文化服务	汇总
	食物生产	原料生产	水资源供给	气体调节	气候调节	净化环境	水文调节	土壤保持	维持养分循环	生物多样性	美学景观	
旱地	0.85	0.4	0.02	0.67	0.36	0.1	0.27	1.03	0.12	0.13	0.06	4.01
针阔混交林地	0.31	0.71	0.37	2.35	7.03	1.99	3.51	2.86	0.22	2.6	1.14	23.09
草原	0.1	0.14	0.08	0.51	1.34	0.44	0.98	0.62	0.05	0.56	0.25	5.07
灌木丛	0.38	0.56	0.31	1.97	5.21	1.72	3.82	2.4	0.18	2.18	0.96	19.69
湿地	0.51	0.5	2.59	1.9	3.6	3.6	24.23	2.31	0.18	7.87	4.73	52.02
水系	0.8	0.23	8.29	0.77	2.29	5.55	102.24	0.93	0.07	2.55	1.89	125.61
防渗表面	0	0	0	0	0	0	0	0	0	0	0	0
裸地	0	0	0	0.02	0	0.1	0.03	0.02	0	0.02	0.01	0.2

该当量因子表中的基础当量是指 1 hm² 全国平均产量的农田每年自然粮食产量的经

济价值,如式(4-26)所示。

$$E_a = 1/7 \sum_{i=1}^n \frac{m_i p_i q_i}{M} \quad (i = 1,2,\cdots,n) \tag{4-26}$$

式中:E_a 为单位农田生态系统粮食产量提供的经济价值,元/ hm^2;i 为某种粮食种类;m_i 为 i 种作物粮食作物面积,hm^2;p_i 为 i 种粮食作物全国平均价,元/ kg;q_i 为 i 种粮食作物的产量,kg/ hm^2;M 为各种粮食作物播种的总面积。

参考 2017 年、2018 年和 2019 年的《中国统计年鉴》《全国农产品成本收益资料汇编》确定基础当量为 1 482.67 元。

为避免重复计算,且考虑补偿意愿(WTP),本次研究参考 Maeler 等、崔丽娟等的研究成果,将供给、文化两类服务价值纳入最终服务。最终计算出研究区域的生态系统服务价值,如表 4-15 和图 4-15 所示。

表 4-15　研究区域生态系统服务价值　　　　　　单位:元/hm^2

生态系统分类	供给服务			文化服务	汇总
	食物生产	原料生产	水资源供给	美学景观	
旱地	1 260.27	593.068	29.653 4	88.960 2	1 971.951 6
针阔混交林地	459.627 7	1 052.696	548.587 9	1 690.244 0	3 751.155 6
草原	148.267	207.573 8	118.613 6	370.667 5	845.121 9
灌木丛	563.414 6	830.295 2	459.627 7	1 423.363 0	3 276.700 5
湿地	756.161 7	741.335	3 840.115 3	7 013.029 0	12 350.640 0
水系	1 186.136	341.014 1	12 291.334	2 802.246 0	16 620.730 1
防渗表面	0	0	0	0	0
裸地	0	0	0	14.826 7	14.826 7

4) 洪水危险性-生态价值损失率对应关系的确定

各生态个体常规的经济价值(供给服务:食物、原料生产、水资源供给)与生物量呈正相关。生物量不仅反映了生态系统的原料生产能力,同时在生物量的形成和累积过程中对生态系统的其他服务(文化服务)也产生了重要影响。

基于生物量的生态系统服务价值有别于常规经济价值,但是各类价值在洪水下的损失,其本质是生物量在各洪水下的损失。以常规经济价值统计的洪水-价值损失率对应关系从本质上来说也应该满足以生态系统服务价值的洪水-价值损失率对应关系。所以本次研究以常规经济价值统计的洪水-价值损失率对应关系来代表生态系统服务价值的洪水-价值损失率对应关系。

前坪水库附近区域目前还缺乏分类精细的相关灾害调研统计资料,因此参考相近黄河滩区的损失率来估算本书所研究区域的情况,确定的损失率如表 4-16 所示。

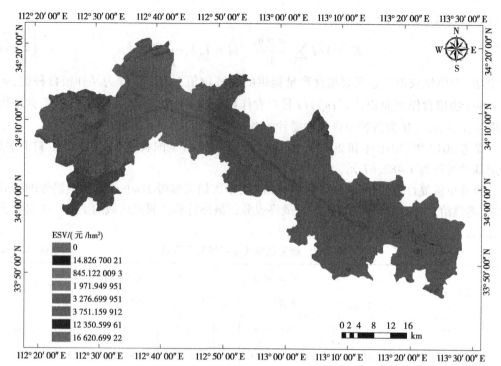

图 4-15　研究区域生态系统服务价值

表 4-16　研究区域灾情-价值损失率(%)对应关系

水深/m	0~0.5	0.5~1	1~2	2~3	>3
农业	77	85	95	100	100
林业	0	5	10	25	40
牧业	0	8	25	45	70
渔业	30	70	80	100	100

5)溃坝洪水生态损失评估与统计

基于上述分析,建立生态损失评估模型,如式(4-27)所示。

$$LOSS = RATE_{loss} \times ESV \tag{4-27}$$

式中:LOSS 为生态损失,元;$RATE_{loss}$ 为不同淹没水深下各类生态价值损失率;ESV 为生态系统服务价值,元。

在 ArcGIS 中按不同覆被类型对 ESV 图(见图 4-15)、不同水深(见图 4-12)进行重分类,统计、核算各类覆被类型、各损失率水平下的结果(见表 4-17),计算得到的总损失为:68 093 208.592 54 元;表 4-17 中亦可见各区域、各行业的损失分布,以及各行业、各区域的损失汇总。

表 4-17　生态损失评估与统计　　　　　　　　　单位:元

乡镇	牧损	林损	渔损	农损	汇总
紫云镇	53.242 68	67.520 79	91 603.96	95 526.241 16	187 250.964 63
闹店镇	0	810.249 5	0	927 952.466 4	928 762.715 9
十里铺乡	337.710 7	1 316.655	249 039.2	1 531 041.173	1 781 734.738 7
李口乡	3 692.76	13 301.6	869 495	2 609 501.821	3 495 991.181 0
肖旗乡	0	0	12 565.27	214 720.628 2	227 285.898 2
广阔天地乡	2 504.688	0	550 547.9	1 144 726.487	1 697 779.075 0
城关镇(汝阳)	9 070.271	57 688.51	2 547 624	1 349 609.643	3 963 992.424 0
周庄镇	9 677.237	67.520 79	779 167.5	4 471 263.449	5 260 175.706 79
长桥镇	266.213 4	742.728 7	93 236.21	579 598.036 5	673 843.188 6
王集乡	8 772.112	5 570.465	423 804.4	6 100 532.042	6 538 679.019 0
赵庄乡	23 490.67	303.843 6	797 384.7	1 656 392.189	2 477 571.402 6
渣园乡	1 810.251	0	207 290.4	700 297.416 6	909 398.067 6
白庙乡	0	0	0	64 964.943 01	64 964.943 01
薛店镇	27 241.24	1 114.093	679 385.7	2 618 460.79	3 326 201.823 0
小屯镇	10 674.4	4 726.455	1 576 092	2 191 855.593	3 783 348.448 0
上店镇	1 030.626	742.728 7	665 370.7	1 233 116.435	1 900 260.489 7
汝南街道	5 449.769	540.166 3	638 500.9	302 201.900 5	946 692.735 8
三屯乡	425.941 4	2 818.793	0	104 302.409 5	107 547.143 9
纸坊乡	13 249.82	4 642.054	2 134 702	3 836 188.315	5 988 782.189 0
王寨乡	2 981.59	1 704.9	713 746.8	1 069 508.779	1 787 942.069 0
茨芭镇	0	0	0	93 295.372 88	93 295.372 88
杨楼乡	14 675.96	5 671.747	1 469 091	5 106 821.317	6 596 260.024 0
风穴路街道	8 944.77	33.760 4	724 469.8	2 041 097.171	2 774 545.501 4
小店镇	4 327.869	15 883.47	1 039 765	2 702 376.577	3 762 352.916 0
柏树乡	1 349.322	16.880 2	197 837.5	280 047.621 4	479 251.323 6
城关镇(郏县)	38.030 49	0	0	165 657.498 9	165 695.529 39
温泉镇	5 665.021	135.041 6	184 304	1 716 767.613	1 906 871.675 6
庙下乡	4 769.023	84.400 99	808 907.9	2 740 411.373	3 554 172.696 99
临汝镇	53.242 68	0	24 661.1	947 927.345 1	972 641.687 78
钟楼街道	0	0	32 909.05	5 324.267 97	38 233.317 97
米庙镇	3 974.946	810.249 5	691 391.6	1 005 507.528	1 701 684.323 5
汇总	164 526.763 25	118 793.833 07	18 202 894.590 0	49 606 994.443 12	68 093 208.592 54

3. 基于区间分析法的溃坝生命损失评估

为了使分析结果与历史案例统计数据相符合,大多数现有的绝对性评估方法的计算过程和公式较为复杂,导致其实用性相对较差。事实上,由于风险因素及其作用机制的不确定性,大坝失事造成的潜在后果不是一个确定的值,而是处于一个相对最可能的范围内。为在分析过程广泛考虑影响因素的差异及其影响,Ge W 等引入区间理论来分析潜在溃坝生命损失。

1) 区间理论

区间分析最初是采用计算机计算来模拟舍入误差的传播。Moore R. E. 1966 年出版了一本名为《区间分析》的专著,对区间理论进行了系统的阐述。

不确定变量 X 由一个封闭的有限区间表示,$\underline{x}$ 和 $\bar{x}$ 分别表示其下界与上界。X 在实数 R 上的定义如式(4-28)所示。

$$X = [\underline{x}, \bar{x}] = \{x \in R \,|\, \underline{x} \leqslant x \leqslant \bar{x}\} \tag{4-28}$$

区间理论能有效地解决两类问题:①原始数据模糊,但界限明确;②给定过程的理论原理不完整,但其近似描述性方程已知。

区间计算的核心就是将标量计算的运算符推广到区间计算的运算符。区间计算的基本运算符如式(4-29)~式(4-33)所示。

$$X + Y = [\underline{x} + \underline{y}, \bar{x} + \bar{y}] \tag{4-29}$$

$$X - Y = [\underline{x} - \bar{y}, \bar{x} - \underline{y}] \tag{4-30}$$

$$X \times Y = [\min\{\underline{xy}, \underline{x}\bar{y}, \bar{x}\underline{y}, \overline{xy}\}, \max\{\underline{xy}, \underline{x}\bar{y}, \bar{x}\underline{y}, \overline{xy}\}] \tag{4-31}$$

$$X \div Y = X \times \frac{1}{Y} \tag{4-32}$$

$$\frac{1}{Y} = \begin{cases} \varphi, Y = [0,0] \\[2mm] \left[\dfrac{1}{\bar{y}}, \dfrac{1}{\underline{y}}\right], 0 \notin Y \\[2mm] \left[\dfrac{1}{\bar{y}}, \infty\right), \underline{y} = 0 \text{ 且 } \bar{y} > 0 \\[2mm] \left(-\infty, \dfrac{1}{\underline{y}}\right], \underline{y} < 0 \text{ 且 } \bar{y} = 0 \\[2mm] (-\infty, \infty), \underline{y} < 0 \text{ 且 } \bar{y} > 0 \end{cases} \tag{4-33}$$

根据区间计算规则,变量在同一函数中可能采取不同的值,这导致了区间分析结果的扩大。以区间 $X = [1, 2]$ 为例,$Y = X - X$ 的区间值为:

$$Y = X - X = [1, 2] - [1, 2] = [-1, 1] \neq [0, 0] \tag{4-34}$$

当一个函数的变量在运算中出现多次时,区间分析结果的扩大程度将会更加严重。区间参数出现的次数越少,区间计算的运算符相关性就越小。如果每个区间参数仅出现一次,则区间运算可以获得更加准确的区间解,从而确保结果的实用性。

2) 确定生命损失影响因素

（1）致灾因子。

大坝失事引起的洪水是导致生命损失最直接的影响因素。洪水的深度和速度都直观反映了其严重程度。因此，洪水深度和速度这两个指标可以综合为一个指标，即洪水严重程度（flood severity, S_F），如式（4-35）所示。

$$S_F = Dv \tag{4-35}$$

式中：D 和 v 分别为洪水的深度（depth）和速度（velocity）。

（2）承灾体。

没有风险人口（population at risk, PAR），无论洪水多么严重，都不会有生命损失。因此，选取风险人口作为最基本的承灾体。

风险人口的两个主要属性，即对大坝失事的理解程度和年龄分布，对于风险人口的撤离有很大影响。对大坝失事的理解程度（understanding of dam breach, U_B）主要是指风险人口对大坝失事的严重程度和淹没区域是否有正确的认识，是否能够及时采取正确的逃生措施和逃生途径。考虑到不同年龄段人群逃生能力的巨大差异，本次研究使用年龄分布（age distribution, D_A）来描述年轻人和中年人在风险人口中所占的百分比。

（3）孕灾环境。

孕灾环境包括社会和工程两个方面在内的受灾环境，与致灾因子和承灾体共同造成了生命损失。预警时间（warning time, T_W）决定了可供人们撤离的时间长短；建筑物是风险人口的主要避难所，其易损性（building vulnerability, V_B）非常重要。此外，救援能力（rescue ability, A_R）对风险人口的生命损失率会产生直接的影响。直观来讲，水库大坝在夜间失事和在白天失事，由于此时人们是否易于撤离的不同，生命损失也会存在很大的差异。因此，大坝失事时间（breach time, T_B）是生命损失的另一直接影响因素。

通过上述致灾因子、承灾体和孕灾环境之间关系的分析，可以绘制生命损失与影响因素之间的关系，如图 4-16 所示。

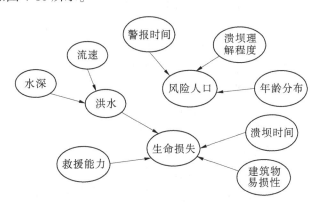

图 4-16　生命损失和影响因素间的关系

3）生命损失的区间分析

根据已有研究,救援行为在溃坝洪水作用于风险人口阶段对潜在溃坝生命损失的影响有限。此外,风险人口的年龄分布和大坝失事时间的重要性要小于其他影响因素。因此,除风险人口(PAR)外,其他影响因素可以分为两类:主要影响因素和次要影响因素。其中,主要影响因素包括:预警时间(T_W)、对大坝失事的理解程度(U_B)、洪水严重程度(S_F)、建筑物易损性(V_B);次要影响因素包括:溃坝时间(T_B)、救援能力(A_R)、风险人口年龄分布(D_A)。因此,生命损失的计算如式(4-36)所示。

$$LOL = [LOL_{min}, LOL_{max}] = PAR \times f \times c \tag{4-36}$$

式中:LOL 为溃坝生命损失;LOL_{min} 和 LOL_{max} 分别为生命损失区间值的下界和上界;f 为由主要影响因素造成的生命损失死亡率区间;c 为由次要影响因素引起的修正系数。

(1)主要影响因素的区间分析。

主要影响因素造成的生命损失形成机制如图 4-17 所示。

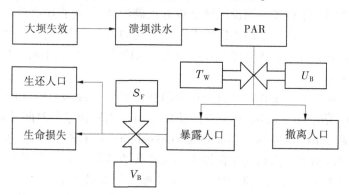

图 4-17　生命损失主要影响因素形成机制

根据图 4-17,生命损失的计算式可以表示为式(4-37)的形式。

$$LOL = PAR \times f_1 \times f_2 \times c = PAR \times f_1(T_W, U_B) \times f_2(S_F, V_B) \times c \tag{4-37}$$

式中:f_1 为受预警时间和对大坝失事理解程度影响的风险人口暴露率区间;f_2 为受洪水严重程度和建筑物易损性影响的暴露人口死亡率区间。

预警时间是人口疏散的关键影响因素。在此基础上,对大坝失事的理解程度也产生了一定程度上的影响。因此,f_1 的计算如式(4-38)所示。

$$f_1 = f_{11}(T_W) \times f_{12}(U_B) \tag{4-38}$$

式中:$f_{11}(T_W)$ 为受预警时间影响的风险人口暴露率区间;$f_{12}(U_B)$ 为由对大坝失事理解程度所造成的暴露率影响系数区间。

受预警时间影响的风险人口暴露率建议区间如表 4-18 所示,对大坝失事理解程度引起的暴露率影响系数建议区间如表 4-19 所示,受洪水严重程度和建筑物易损性影响的暴露人口死亡率区间如表 4-20 所示。

表 4-18　受预警时间影响的风险人口暴露率建议区间

T_W/h	$f_{11}(T_W)$
$[0,0.25)$	$(0.75,1.00]$
$[0.25,0.50)$	$(0.60,0.75]$
$[0.50,1.00)$	$(0.20,0.60]$
$[1.00,1.50)$	$(0.05,0.20]$
$[1.50,\infty)$	$[0.00,0.05]$

表 4-19　对大坝失事理解程度引起的暴露率影响系数建议区间

U_B	$f_{12}(U_B)$
未知	$(0.80,1.00]$
模糊	$(0.60,0.80]$
一般	$(0.40,0.60]$
中等	$(0.20,0.40]$
明确	$[0.00,0.20]$

表 4-20　受洪水严重程度和建筑物易损性影响的暴露人口死亡率区间

S_F		$f_2=f_2(S_F,V_B)$		
		泥土	砖砌	混凝土
轻度	$[0,0.60]$	$[0,0.10]$	$[0,0]$	$[0,0]$
一般	$(0.60,2.00]$	$(0.10,0.30]$	$(0,0.10]$	$[0,0]$
中等	$(2.00,3.00]$	$(0.30,0.70]$	$(0.10,0.30]$	$(0,0.10]$
严重	$(3.00,7.00]$	$(0.70,1.00]$	$(0.30,0.70]$	$(0.10,0.50]$
极其严重	$(7.00,\infty)$	$[1.00,1.00]$	$(0.70,1.00]$	$(0.50,1.00]$

(2)次要影响因素引起的修正系数范围分析。

由于 3 个次要影响因素之间的相互独立关系,修正系数 c 可以表示为式(4-39)。

$$c = c_1 \times c_2 \times c_3 \qquad (4-39)$$

式中:c_1、c_2 和 c_3 分别为大坝失事时间、救援能力和年龄分布引起的修正系数;c 为上述 3 个因素共同作用引起的生命损失修正系数。

关于大坝失事时间对生命损失的影响:由于夜间人们通常在睡觉,且视线不好导致无法有效看清楚各类环境,风险人口在夜间的死亡率明显高于白天。

关于救援能力对生命损失的影响:虽然救援能力对于生命损失的影响有限,但是仍可以发挥积极的作用。

关于风险人口年龄分布对生命损失的影响:直观上来说,老年人和儿童越多,风险人口死亡率越高。然而,次要影响因素对生命损失的影响仍要比主要影响因素小得多。由于目前缺乏有效验证数据,可以初步认为这种影响小于20%。因此,c_1、c_2 和 c_3 的范围如式(4-40)所示。

$$\{c_1\ c_2, c_3\} \in \{[0.80, 1.20], [0.80, 1.00], [1.00, 1.20]\} \tag{4-40}$$

4)生命损失区间分析的有效性评判

生命损失区间除应有效包含实际生命损失值外,区间分析结果应在一定范围内,以确保其具有实用意义,从而为风险评估和管理提供有效指导。

生命损失区间分析结果的下界 $\underline{x}$ 和上界 $\overline{x}$ 均不小于 0。定义 A 为 $\overline{x}$ 与 $\underline{x}$ 的比,如式(4-41)所示。

$$A = \frac{\overline{x}}{\underline{x}}, \underline{x} \neq 0 \tag{4-41}$$

由于对不同影响因素不确定性考虑程度的不同,目前已有的各种方法对生命损失的分析结果存在着显著差异。但是,根据 Judi D R 等的研究,不同方法结果的差异通常处于一定数量级内。因此,当 A 不大于 10 时,则可认为区间分析的结果是有效的。

5)方法验证

选取我国和老挝共 10 个大坝失事案例以及英国的两次骤发洪水案例(此类洪水具有与大坝失事引发洪水的类似特征)导致的生命损失进行分析。根据距相应坝址或河流的距离将淹没区划分为 21 个区域,将本次研究提出的基于区间分析的研究方法的计算结果与实际造成的生命损失进行了比较,以验证该方法的准确性。21 个淹没区域的相关参数如表 4-21 所示。

表 4-21　21 个洪灾区域的相关参数

大坝/村庄	年份	国家	区域数	T_W/h	U_B	S_F	V_B	c_1	c_2	c_3
刘家台	1960	中国	1	1.00	模糊	极其严重	泥土	1.10	1.00	1.00
刘家台	1960	中国	2	1.00	模糊	严重	泥土	1.10	1.00	1.00
刘家台	1960	中国	3	1.00	模糊	一般	泥土	1.00	1.00	1.00
刘家台	1960	中国	4	1.00	模糊	轻度	泥土	1.00	1.00	1.00
横江	1970	中国	1	0.25	明确	极其严重	砖砌/泥土	0.80	1.00	1.00
横江	1970	中国	2	0.25	明确	严重	砖砌/泥土	0.80	1.00	1.00
横江	1970	中国	3	0.25	明确	中等	砖砌/泥土	0.80	1.00	1.00
横江	1970	中国	4	0.25	模糊	一般	砖砌/泥土	0.80	1.00	1.00
横江	1970	中国	5	0.25	模糊	轻度	砖砌/泥土	0.80	1.00	1.00
洞口庙	1971	中国	1	0	模糊	中等	砖砌/泥土	1.00	1.00	1.00
李家嘴	1973	中国	1	0	模糊	严重	泥土	1.10	1.00	1.00
石夹沟	1973	中国	1	0.40	模糊	严重	泥土	1.00	1.00	1.00

续表 4-21

大坝/村庄	年份	国家	区域数	T_W/h	U_B	S_F	V_B	c_1	c_2	c_3
沟后	1993	中国	1	0	模糊	一般	砖砌/泥土	1.05	0.95	1.00
小湄港	1995	中国	1	0	模糊	一般	砖砌/泥土	1.05	0.95	1.00
沈家坑	2012	中国	1	0	中等	中等	砖砌/混凝土	1.05	0.90	1.10
射月沟	2018	中国	1	0	中等	中等	砖砌/混凝土	1.00	0.90	1.00
Xe-Pian Xe-Namnoy	2018	老挝	1	>8.00	模糊	严重/中等	砖砌	1.00	0.90	1.00
Lynmouth	1952	英国	1	0	中等	极其严重	2 层房屋	1.00	0.95	1.00
Lynmouth	1952	英国	2	0	中等	严重	2 层房屋	1.00	0.95	1.00
Lynmouth	1952	英国	3	0	中等	中等	2 层房屋	1.00	0.95	1.00
Gowdall	2000	英国	1	有限	中等	轻度	2 层房屋	1.00	0.90	1.00

注:根据 Peng 和 Zhang 的研究,2 层房屋的易损性与砖砌结构建筑相似。

根据 Penning-Rowsel 等的研究,有限预警时间表示预警在引导人们疏散方面未能发挥有效作用。结合表 4-18,$f_{11}(T_W) = (0.20, 0.60]$。

基于区间运算规则和上述建立的基于区间理论的溃坝生命损失区间分析模型,计算得到 21 个洪灾区域生命损失的区间([LOL_{min}, LOL_{max}])。将淹没区域的实际生命损失(LOL)用于验证比较,如表 4-22 所示。

表 4-22　区间分析结果及实际生命损失

大坝/村庄	区域数	PAR/人	$f \times c$	实际 $f \times c$	[LOL_{min}, LOL_{max}]	实际 LOL	A
刘家台	1	2 784	(0.132, 0.528]	0.189	(367, 1 470]	525	4.00
刘家台	2	3 395	(0.092, 0.528]	0.104	(314, 1 793]	352	5.71
刘家台	3	11 929	[0, 0.080]	0.005	[0, 954]	60	—
刘家台	4	46 833	[0, 0.024]	0	[0, 1 124]	0	—
横江	1	1 250	[0, 0.120]	0	[0, 150]	0	—
横江	2	2 500	[0, 0.102]	0	[0, 255]	0	—
横江	3	7 250	[0, 0.060]	0.006	[0, 435]	41	—
横江	4	60 000	(0.014, 0.096]	0.015	(864, 5 760]	900	6.67
横江	5	15 000	[0, 0.024]	0	[0, 360]	0	—
洞口庙	1	4 700	(0.023, 0.160]	0.040	(106, 752]	186	7.11
李家嘴	1	1 034	(0.347, 0.880]	0.499	(358, 910]	516	2.54
石夹沟	1	300	(0.262, 0.630]	0.270	(76, 180]	81	2.38
沟后	1	3 060	[0.022, 0.160]	0.011	[69, 488]	320	7.11
小湄港	1	1 400	(0.018, 0.144]	0.024	(25, 201]	34	8.00

续表 4-22

大坝/村庄	区域数	PAR/人	$f×c$	实际 $f×c$	$[LOL_{min}, LOL_{max}]$	实际 LOL	A
沈家坑	1	300	(0.011, 0.100]	0.037	(3, 30]	11	9.14
射月沟	1	5 600	(0.003, 0.300]	0.005	(18, 170]	28	9.64
Xe-Pian Xe-Namnoy	1	13 000	[0, 0.018]	0.010	[0, 234]	134	—
Lynmouth	1	100	(0.100, 0.380]	0.085	(10, 38]	34[a]	5.11
	2	100	(0.043, 0.266]	0.085	(4, 27]	34[a]	6.93
	3	200	(0.014, 0.114]	0.085	(3, 23]	34[a]	8.00
Gowdall	1	250	[0, 0]	0	[0, 0]	0	—

注:a 表示 Lynmouth 由骤发洪水造成的 3 个淹没区域总生命损失及风险人口死亡率分别为 34 和 0.085,对应的区间分析结果为(17, 88]。

区间分析结果($[LOL_{min}, LOL_{max}]$)与淹没区域实际生命损失的比较(LOL)如图 4-18 所示。

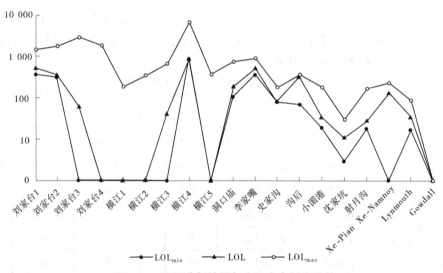

图 4-18　区间分析结果与实际生命损失比较

由上述分析可知:

(1)根据图 4-18,本次研究所提出方法得出的生命损失区间值都包含了由大坝失事或骤发洪水引起的 21 个淹没区域的实际生命损失值,显示出良好的准确性。该方法通过区间值而不是确定值来反映生命损失,充分考虑了生命损失的不确定性以及各种因素的影响程度。

(2)根据表 4-22,当区间分析结果的下界 $\underline{x} \neq 0$ 时,21 个洪灾区域生命损失区间值的上界 $\bar{x}$、下界 $\underline{x}$ 的比值均不大于 10。结合上文"生命损失区间分析的有效性评判"所述,结果表明,通过明确关键函数的联系和细化影响因素的区间,可以达到避免区间扩大的目的。

（3）一些区域的区间分析计算结果，例如：刘家台4、横江1和横江2，分析结果的区间仍然较大，这是由于基本资料和参数有限而导致计算区域的划分相对粗糙。当下界 $\underline{x}=0$ 时，影响因子的宽区间与区间扩大的相互作用导致了最多达4个数量级的差异。随着洪水演进分析的发展，由于计算区域的更详细划分，基本参数的区间会变得更小，区间分析的结果也会变小且更加准确；同时由于各种不确定性因素得到了充分考虑，研究结果为大坝风险管理提供更有意义的指导。

（4）一般而言，数学模型的结果越确定，分析越准确。然而，由于影响因素的不确定性，其中某些确切值是由人们主观决定的，因此该原则不适用于分析由于大坝失事造成的生命损失。与确定值相比，潜在生命损失的区间值也可以有效地反映大坝失事所造成后果的严重性，且相对来说区间值客观上较容易确定，并且与影响因素的不确定性特征保持一致性。

4.4.2　风险后果相对性评价方法

相对性评价的方法有很多，其使用的数学方法主要有突变评价法、可变模糊集理论、归一化函数法、主成分分析法、属性区间识别法、集对分析法、模糊物元法、风险矩阵和 Borda 序值法等。

4.4.2.1　突变评价法

1. 突变理论

1972 年法国数学家 Rene Thom 以拓扑学为工具，结构稳定性为基础，结合奇点理论和微积分等数学理论为基础建立了突变理论（catastrophe theory），研究非连续变化现象和突变现象，描述和预测事物连续性中断的质变过程，现被广泛应用于化学、物理、生物、生态和社会等领域。目前，突变理论一般指 Rene Thom 归纳的 7 个初等变换模型。常用的突变模型有尖点突变、燕尾突变及蝴蝶突变，相应的数学公式如表 4-23 所示。

表 4-23　常用的三种突变模型

类型	势函数	归一公式
尖点突变	$x^4+ax^2/2+bx$	$x_a=a^{1/2}$,$x_b=b^{1/3}$
燕尾突变	$x^5/5+ax^3/3+bx^2/2+cx$	$x_a=a^{1/2}$,$x_b=b^{1/3}$,$x_c=c^{1/4}$
蝴蝶突变	$x^6/6+ax^4/4+bx^3/3+cx^2/2+dx$	$x_a=a^{1/2}$,$x_b=b^{1/3}$,$x_c=c^{1/4}$,$x_d=d^{1/5}$

2. 主要步骤

以采用突变评价法对溃坝后果进行快速评价为例，详细说明突变评价法在溃坝风险后果上的应用步骤。

（1）建立评价指标系统。

首先从致灾因子、孕灾环境和承灾体 3 个角度出发，根据以上影响因素的分析，选取水库库容（C_R）、坝高（H_D）、风险人口（PAR）、风险经济量（EAR）、对溃坝理解程度（U_B）、产业类型（T_I）、警报时间（T_W）和建筑物易损性（V_B）8 个指标构建评价指标体系，如图 4-19 所示。

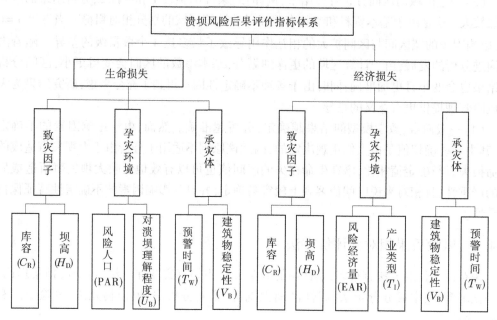

图 4-19　水库大坝溃坝风险后果评价指标体系

（2）标准化评价指标。

为便于分析，结合快速评价的特点，结合已有研究成果，可将指标平均分为{轻微；一般；中等；严重；极严重}∈{[0，0.2)；[0.2，0.4)；[0.4，0.6)；[0.6，0.8)；[0.8，1.0]}5个等级。

虽然影响溃坝风险后果的工程因素是一致的，但是社会因素却不尽相同，因而不同国家影响溃坝风险后果指标的特点存在较大差异。本次研究以我国为例，分析评价指标的取值和标准化问题。

具有确定值的坝高（H_D）是影响溃坝后果的重要因素之一。一般来说，在 $H_D \geq 100$ m 的情况下，溃坝的后果会非常严重。因此，提出坝高标准化（H_D）公式：

$$R_{H_D} = \begin{cases} \dfrac{H_D}{100} & 0 < H_D < 100 \\ 1 & H_D \geq 100 \end{cases} \tag{4-42}$$

有些指标通常处于一个相对确定的范围[例如预警时间（T_W）]，其标准值可根据相应严重程度的阈值进行插值计算。其他一些指标则是定性的[例如对溃坝理解程度（U_B）]，其标准值可在确定严重程度的基础上根据经验和工程实践人为确定。

根据水库库容，我国将大坝分为5类：小Ⅱ型、小Ⅰ型、中型、大Ⅱ型和大Ⅰ型。《防洪标准》（GB 50201—2014）规定了不同类型水库的保护人口和相应的保护等效经济规模。该标准提出用当量经济规模（该指标值具有很好的长期稳定性）代替绝对经济量来反映处于风险中的经济量，以保证标准在不断发展的经济环境下可在较长的时间内具有适用性。当量经济规模由保护区人口、保护区人均国内生产总值和同期全国人均国内生产总值确定，如式（4-43）所示。

当量经济规模＝保护人口×保护区人均国内生产总值÷同期全国人均国内生产总值

$$(4\text{-}43)$$

根据对风险后果严重程度的影响,对溃坝理解程度(U_W)和预警时间(T_W)也可分为5个等级。

生命损失方面:不同类型的建筑物,如黏土、砖、砖与混凝土、钢筋混凝土和高层(主要由钢筋混凝土建造)建筑,由于在溃坝引起的洪水中的稳定性不同,能够为有风险的人群提供具有不同易损性的避难所。

经济损失方面:由于不同类型产业的自身特点,农业、工业和服务业对洪灾的敏感性由高到低依次为农业、工业和服务业。因此,可初步提出相关指标的对应等级,如表4-24所示。

表4-24 相关指标及其对应的等级

指标	轻微[0,0.2)	一般[0.2,0.4)	中等[0.4,0.6)	严重[0.6,0.8)	极其严重[0.8,1]
$C_R/10^6\ \mathrm{m}^3$	$[0.1,1)$	$[1,10)$	$[10,100)$	$[100,1\ 000)$	$[1\ 000,\infty)$
$P_R/10^6$ 人	$[0,0.05)$	$[0.05,0.2)$	$[0.2,0.5)$	$[0.5,1.5)$	$[1.5,\infty)$
U_B	明确	中等	一般	模糊	未知
T_W/h	$[6,\infty)$	$[3,6)$	$[1,3)$	$[0.25,1)$	$[0,0.25)$
V_B	高层建筑	钢筋混凝土	砖砌混凝土	砖	土坯
$E_R/106$ 人	$[0,0.1)$	$[0.1,0.4)$	$[0.4,1.0)$	$[1.0,3.0)$	$[3.0,\infty)$
T_I	服务业	工业—服务业	工业	工业—农业	农业

"越大越好"指标和"越小越好"的指标分别可以用式(4-44)和式(4-45)进行标准化处理。

$$R_i = \frac{r_i - r_{\min}}{r_{\max} - r_{\min}} \qquad (4\text{-}44)$$

$$R_i = \frac{r_{\max} - r_i}{r_{\max} - r_{\min}} \qquad (4\text{-}45)$$

式中:R_i 为指标的标准化值;r_i 为指标的初始值;$r_{\max}$ 和 $r_{\min}$ 分别为各指标的最大值和最小值。

(3)根据响应突变类型,采用递归方法对突变值进行分层计算。

(4)根据突变评估值大小,对风险后果进行排序。

将该方法的计算结果与历史上发生过的12次溃坝事件所导致的风险后果进行对比。由于缺乏经济损失的统计数据,仅采用生命损失进行严重程度评价。12个水库大坝溃坝事件的相关参数如表4-25所示。

表 4-25 12 座水库大坝溃坝生命损失分析的相关参数

水库	省份	年份	$C_R/10^6\ m^3$	H_D/m	$P_R/人$	U_B	T_W/h	V_B
龙屯	辽宁	1959	30.00	9.5	35 428	模糊	0	土坝
刘家台	河北	1960	40.54	35.9	64 941	模糊	1.00	土坝
横江	广东	1970	78.79	48.4	70 000	明确/中等	0.25	砖/土坝
洞口庙	浙江	1971	2.55	21.5	4 700	模糊	0	砖/土坝
李家嘴	甘肃	1973	1.45	25.0	2 000	模糊	0	土坝
史家沟	甘肃	1973	0.856	28.6	300	模糊	0.40	土坝
石漫滩	河南	1975	91.80	25.0	204 490	中等/一般	0	土坝
板桥	河南	1975	492.00	24.5	402 500	中等/一般	0	土坝
沟后	青海	1993	3.30	71.0	3 060	模糊	0	砖/土坝
小湄港	湖北	1995	0.14	10.9	1 400	模糊	0	砖/土坝
沈家坑	浙江	2012	0.24	28.5	300	中等	0	砖砌混凝土
射月沟	新疆	2018	6.78	37.7	5 600	明确/中等	0	砖砌混凝土

根据尖点突变模型和燕尾突变模型,建立反映上述 12 座水库溃坝严重程度的评价指标体系并计算评价结果。将实际生命损失与计算出的评价结果进行对比,如表 4-26 和图 4-20 所示。

表 4-26 溃坝损失的严重性评价与实际损失对比

水库	龙屯	刘家台	横江	洞口庙	李家嘴	史家沟
统计值/人	707	943	941	186	580	81
估算结果	0.868	0.893	0.894	0.840	0.841	0.829
水库	石漫滩	板桥	沟后	小湄港	沈家坑	射月沟
统计值/人	2 517	19 701	320	34	11	28
估算结果	0.908	0.921	0.870	0.774	0.771	0.821

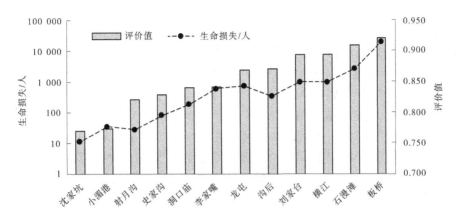

图 4-20　用于验证的水库溃坝评价结果(生命损失以对数标度绘制)

由上述分析可知:

(1)根据图 4-20,射月沟水库和沟后水库的溃坝后果的突变评价结果与其他 10 个验证水库实际的生命损失趋势明显不一致。然而,这种情况是由特定的溃坝条件造成的。由于是局部破坏,而不是完全溃坝,射月沟水库的生命损失的严重程度相比完全溃坝情况下较低。沟后水库和其他水库的风险人群分布存在较大差异:沟后水库溃坝引起的洪水直到 1.5 h 后,才到达距离大坝 13 km 的最近居民区,因此溃坝洪水的严重性大大降低,相应的生命损失也相对低于预期。

(2)根据表 4-26 和图 4-20,在突变结果评价中,其他 10 个验证水库溃坝的生命损失严重程度由高到低依次为板桥水库、石漫滩水库、横江水库、刘家台水库、龙屯水库、李家嘴水库、洞口庙水库、史家沟水库、小湄港水库、沈家坑水库。然而,在突变评价结果中,严重程度由高到低依次为板桥水库、石漫滩水库、刘家台水库、横江水库、龙屯水库、李家嘴水库、洞口庙水库、史家沟水库、小湄港水库、沈家坑水库。除了生命损失分别为 941 和 937 的横江水库和刘家台水库,其余水库溃坝后果严重程度的规律完全一致。事实上,由于洪水本身和社会群体的复杂性,溃坝引起的最有可能的生命损失具有一定的不确定性。因此,4 个生命损失数量的差异并不代表后果严重程度的差异。因此,本次研究提出的方法可以有效地应用于溃坝后果的快速评估。

(3)与基于大坝下游不同位置水深、流速和上升速率来计算分析溃坝后果的传统方法相比,该方法可以有效地基于一些易于得到的基本参数来快速确定溃坝后果的严重性。该方法适用于下游资料有限的水库大坝,也可以有效地快速评估大量水库大坝的风险后果,与传统方法相比,将会节省大量的资金和时间。

4.4.2.2　集对分析法

1.集对分析理论

集对分析的核心理论是用"同一"和"对立"来描述系统的确定性,用"异"来描述系统的不确定性。针对要研究的问题,建立具有一定联系的两个集合 A 和 B 的集对 $H = (A, B)$,并通过联系度 μ 对集对中两集合的特性从同、异、反 3 方面进行定量刻画,其中联系度 μ 的表达式如式(4-46)所示。

$$\mu = \frac{S}{N} + \frac{F}{N}i + \frac{P}{N}j = a + bi + cj \qquad (4\text{-}46)$$

式中:μ 为同、异、反联系度;a、b、c 分别为集合 A 和 B 的同一度、差异度和对立度,a、b、c $\in [0, 1]$,且 a、b、c 满足归一化条件 $a+b+c=1$;N 为集合的总特性数;S、P 分别为两集合的共有特性数和对立特性数;F=N-S-P;i 为差异度系数,在$[-1, 1]$ 区间视不同情况取值;j 为对立度系数,规定取值为-1。

将 $shi=a/c$ 称为集对势,进而建立集对势向量 $\mathbf{N}_0 = [\,shi(\mu_1), shi(\mu_2), \cdots, shi(\mu_i)\,]$。根据集对势的不同取值可以判断系统的发展趋势,例如:当 shi>1 时表示两个集合具有同一趋势,即具有较好的一致性,简称同势,且势值越大,同一趋势越强,$a>c>b$ 为"强同势",$a>b>c$ 为"弱同势",$b>a>c$ 为"微同势";当 shi=1 时为均势;当 shi<1 时为反势。

2. 主要步骤

以李宗坤等对大坝溃坝后果的综合评价为例,详细说明集对分析理论在溃坝风险后果上的应用步骤。首先将各指标评价集与风险后果等级标准集构成集对 H,通过计算同、异、反系数,确定某大坝风险后果的联系度矩阵;其次,根据各评价指标的权重系数,确定综合联系度矩阵;最后,确定集对势向量 $\mathbf{N}_0$,并根据最大集对势原理,确定大坝风险后果的综合评价等级(大坝风险后果综合评价等级为集对势向量中最大集对势所对应的等级)。具体步骤如下。

(1)根据评价标准构建集对模型。

设 $\mathbf{Q} = (q_1, q_2, \cdots, q_k)$ 与 $\mathbf{P}$ 分别表示评价值向量与评价标准矩阵,根据集对分析理论,建立集对 $H(\mathbf{Q}, \mathbf{P})$,其中:

$$\mathbf{P} = \begin{bmatrix} X_{10} & \cdots & X_{1j} \\ \vdots & & \vdots \\ X_{k0} & \cdots & X_{kj} \end{bmatrix} \qquad (4\text{-}47)$$

式中:X_{kj} 为第 k 个评价指标对应第 j 项评价标准的临界值($j=0, 1, 2, 3, 4$),各评价标准的具体临界值如表 4-27 所示。

表 4-27　评价标准划分

指标	一般事故	较大事故	重大事故	特别重大事故
生命损失/人	1~3	3~10	10~30	30~100 000
经济损失/万元	10~1 000	1 000~5 000	5 000~10 000	10 000~1 000 000
社会影响指数	1~3	3~8	8~25	25~100
环境影响指数	1~3	3~12	12~40	40~100

(2)确定联系度。

根据集对分析理论,可确定 4 个事故等级的联系度 μ_1、μ_2、μ_3、μ_4,计算方法如式(4-48)~式(4-51)所示。

$$\mu_1 = \begin{cases} 1 & q \in [X_0, X_1) \\ \dfrac{X_1}{q} + \dfrac{q - X_1}{q}i & q \in [X_1, X_2) \\ \dfrac{X_1}{q} + \dfrac{X_2 - X_1}{q}i + \dfrac{q - X_2}{q}j & q \in [X_2, X_4) \end{cases} \quad (4\text{-}48)$$

$$\mu_2 = \begin{cases} \dfrac{X_2 - X_1}{X_2 - q} + \dfrac{X_1 - q}{X_2 - q}i & q_n \in [X_{0n}, X_{1n}] \\ 1 & q_n \in [X_{1n}, X_{2n}] \\ \dfrac{X_2 - X_1}{q - X_1} + \dfrac{q - X_2}{q - X_1}i & q_n \in [X_{2n}, X_{3n}] \\ \dfrac{X_2 - X_1}{q - X_1} + \dfrac{X_3 - X_2}{q - X_1}i + \dfrac{q - X_3}{q - X_1}j & q_n \in [X_{3n}, X_{5n}] \end{cases} \quad (4\text{-}49)$$

$$\mu_3 = \begin{cases} \dfrac{X_3 - X_2}{X_3 - q} + \dfrac{X_2 - X_1}{X_3 - q}i + \dfrac{X_1 - q}{X_3 - q}j & q \in [X_0, X_1) \\ \dfrac{X_3 - X_2}{X_3 - q} + \dfrac{X_2 - q}{X_3 - q}i & q \in [X_1, X_2) \\ 1 & q \in [X_2, X_3) \\ \dfrac{X_3 - X_2}{q - X_2}i + \dfrac{q - X_2}{q - X_2}j & q \in [X_3, X_4) \end{cases} \quad (4\text{-}50)$$

$$\mu_4 = \begin{cases} \dfrac{X_4 - X_3}{X_4 - q} + \dfrac{X_3 - X_2}{q}i + \dfrac{X_2 - q}{q}j & q \in [X_0, X_1) \\ \dfrac{X_4 - X_3}{X_4 - q} + \dfrac{X_3 - q}{X_4 - q}i & q \in [X_1, X_2) \\ 1 & q \in [X_2, X_4) \end{cases} \quad (4\text{-}51)$$

式中：$X_0 \sim X_4$ 为评价标准的临界值，不同评价标准的临界值不同，如生命损失评价标准的临界值分别为 $X_0 = 1, X_1 = 3, X_2 = 10, X_3 = 30, X_4 = 10\ 000$。

（3）确定评价等级。

首先由联系度的计算结果可确定联系度矩阵 $\boldsymbol{\mu} = (a + bi + cj)_{4 \times 4}$，根据评价指标权重向量 $\boldsymbol{\omega} = (\omega_1, \omega_2, \omega_3, \omega_4)$，确定大坝风险后果评价联系度矩阵 $\boldsymbol{A} = \boldsymbol{W} \cdot \boldsymbol{\mu}$；其次根据综合联系度矩阵求得大坝风险后果集对势向量 $\boldsymbol{N}_0$，最后根据最大集对势原理确定大坝风险后果综合评价等级。

3. 方法验证

1）计算结果

以江西省下栏、石壁坑、长龙、龙山、灵潭 5 座水库大坝为例，运用上述集对分析模型对各大坝潜在溃坝后果分别进行综合评价。5 座水库大坝的各项评价指标值如表 4-28 所示。

表 4-28　5 座水库大坝潜在溃坝后果评价指标值

指标	下栏	石壁坑	长龙	龙山	灵潭
生命损失/人	735	975	454	887	1 709
经济损失/亿元	25	41	35	25	20
社会影响系数	1.43	1.43	1.43	1.43	1.43
环境影响系数	13.82	9.68	19.28	34.85	7.71

由式(4-48)~式(4-51)计算各水库大坝潜在溃坝后果联系度矩阵 μ，采用层次分析法确定各评价指标权重，确定潜在生命损失、经济损失、环境影响、社会影响的重要性比值为 7.0:1.0:1.5:1.5，故其权重向量 $W=[0.636\ 3,0.090\ 9,0.136\ 4,0.136\ 4]$，可得各水库大坝风险后果综合联系度矩阵，进而确定集对势向量，计算结果如表 4-29 所示。

表 4-29　集对势向量计算结果

水库名称	集对势向量	最大集对势
下栏	$[0.229\ 4,0.320\ 2,27.857\ 1,102.142\ 5]$	102.142 5
石壁坑	$[0.250\ 6,0.205\ 0,26.153\ 8,73.079\ 4]$	73.079 4
长龙	$[0.211\ 8,0.276\ 1,27.033\ 0,105.022\ 0]$	103.511 1
龙山	$[0.186\ 1,0.210\ 9,27.538\ 5,105.022\ 0]$	105.022 0
灵潭	$[0.264\ 2,0.342\ 2,25.100\ 0,59.668\ 8]$	59.668 8

结合表 4-29，根据最大集对势原理确定大坝风险后果综合评价等级。5 座水库大坝潜在溃坝后果综合评价均为特别重大事故，且根据最大集对势大小，溃坝后果严重程度从大到小排序为龙山、长龙、下栏、石壁坑、灵潭。

2）结果分析与对比

将评价结果与基于属性区间计算模型的评价结果进行对比，如表 4-30 所示。

表 4-30　集对分析与属性区间识别模型潜在溃坝后果综合评价结果对比

方法	下栏	石壁坑	长龙	龙山	灵潭
属性区间识别模型（样本评分值）	特别重大事故（3.266 49）	特别重大事故（3.263 55）	特别重大事故（3.292 02）	特别重大事故（3.342 37）	特别重大事故（3.224 42）
集对分析法（集对势）	特别重大事故（102.142 5）	特别重大事故（73.079 4）	特别重大事故（103.511 1）	特别重大事故（105.022 0）	特别重大事故（59.668 8）

由表 4-30 可知：

（1）两种方法对 5 座水库风险后果综合评价结果及潜在溃坝后果严重程度大小排序完全一致，表明集对分析方法应用于大坝风险后果综合评价中合理可行。

（2）从 5 座水库的两组评价值来看，基于集对分析的 5 个评价值之间具有更清晰的区分度，在对潜在溃坝后果严重程度进行排序时有较强的指导性。另外，集对分析法可根据集对势向量中各事故等级的集对势大小来判断溃坝后果对不同事故等级的趋同程度，从而更加全面地反映风险后果的严重程度，便于管理者进行风险决策。

4.4.2.3　集对分析–可变模糊集耦合方法

1. 集对分析–可变模糊集理论

作为处理不确定性问题的系统理论方法，集对分析与可变模糊集两种理论的核心参数分别是"联系度"和"差异度"。在传统集对分析联系度构造的过程中，简单地将评价样本落入相隔或相邻等级的联系度进行确定性简化，导致评语不够细化，不完全符合现实事物的不确定性特点，且在利用最大集对势原理进行等级判断时存在信息丢失的问题。可变模糊集理论更能准确地反映事物的模糊性，但其核心参数相对差异度的确定过程过于依赖经验且不易于刻画定性指标。因此，本次研究建立集对分析–可变模糊集耦合评价模型，以"联系度"和"差异度"概念的相似本质为纽带，将两种评价方法有机结合，用深层次刻画改进后的集对分析联系度来代替可变模糊差异度的确定过程。在等级判断时，利用可变模糊集理论中可变参数组合，确定各参数组合下的综合隶属度向量，并计算对应的等级特征值，通过分析等级特征值的稳定性，最终确定待评价水库的风险等级。

2. 主要步骤

以李宗坤等对溃坝环境影响评估为例，详细说明集对分析–可变模糊集耦合方法在溃坝风险后果上的应用步骤。

1）构建指标评价值与取值标准集合

设集合 $\boldsymbol{Q} = (q_1, q_2, \cdots, q_n)$ 与集合 $\boldsymbol{P}$ 分别表示各指标评价值集合与取值标准集合，构建集对 $\boldsymbol{A} = (\boldsymbol{Q}, \boldsymbol{P})$，其中集合 $\boldsymbol{P}$ 如式（4-52）所示。

$$\boldsymbol{P} = (X_{01}, X_{02}, \cdots, X_{0n}, X_{11}, X_{12}, \cdots, X_{1n}, X_{m1}, X_{m2}, \cdots, X_{mn}) \qquad (4-52)$$

式中：q_n 为各指标评价值（$n=1, 2, 3, 4, 5, 6, 7$）；X_{mn} 为第 n 个评价指标对应各评价标准的界限值（$m=0, 1, 2, 3, 4, 5$），各评价标准的具体界限值如表 4-31 所示。

表 4-31　溃坝环境影响评价指标取值标准

指标性质	指标类别	影响程度等级				
		轻微	一般	中等	严重	极其严重
定量指标	植被覆盖（土地受损率与严重性）	[0,0.2)	[0.2,0.4)	[0.4,0.6)	[0.6,0.8)	[0.8,1.0]
	河道形态（单位长度/宽度冲刷或淤积量）/ [m³/(m·m)]	[0,0.2)	[0.2,0.5)	[0.5,1.0)	[1.0,2.0)	[2.0,10.0]

续表 4-31

指标性质	指标类别	影响程度等级				
		轻微	一般	中等	严重	极其严重
定性指标	生物多样性	一般动植物 [0,25)	较有价值动植物 [25,45)	较珍贵动植物[45,65)	稀有动植物 [65,85)	世界级濒临灭绝的动植物[85,100]
	人居景观环境	自然景观遭受轻微破坏 [0,25)	市级人居景观环境遭受破坏 [25,45)	省级景观环境遭受破坏 [45,65)	国家级人居景观环境遭受破坏[65,85)	世界级人居景观环境遭受破坏 [85,100]
	污染工业	基本无污染工业[0,25)	一般化工厂、农药厂 [25,45)	较大规模化工厂、农药厂[45,65)	大规模化工厂、农药厂或剧毒化工厂[65,85)	核电站、核储库 [85,100]
	水环境	下游水质为Ⅴ类水[0,25)	下游水质为Ⅳ类水[25,45)	下游水质为Ⅲ类水[45,65)	下游水质为Ⅱ类水[65,85)	下游水质为Ⅰ类水 [85,100]
	土壤环境	不适宜植被生长的沙漠、岩石地等土壤环境 [0,25)	对植被生长有危害或对环境造成污染的土壤 [25,45)	林地土壤及矿产附近等地的农田土壤[45,65)	一般农田、蔬菜地、茶园、果园、牧场等土壤 [65,85)	自然保护区、集中式生活饮用水源地及其他保护地区的土壤 [85,100]

2) 确定集对联系度–相对差异度

利用联系度可拓展性对联系度表达式进行改进,将异、反进一步细分为优异、劣异和优反、劣反,进行细分改进后如式(4-53)所示。

$$u = a + (b_1 + b_2)i + (c_1 + c_2)j = a + b_1 i^+ + b_2 i^- + c_1 j^+ + c_2 j^- \qquad (4-53)$$

式中:$a + b_1 + b_2 + c_1 + c_2 = 1$;$i^+ \in [0,1]$;$i^- \in [-1,0]$;$j^+ = \{0,1\}$;$j^- = -1$。

设有 k 个评价等级,根据式(4-53)可知:①当指标评价值 q_n 正好处于第 k 评价等级的标准区间时,表明其具有较好的同一性,此时 $a = 1$,$b_1 = b_2 = c_1 = c_2 = 0$。②当指标评价值 q_n 处于第 k 评价等级的相邻级别标准区间时,可将其细分为优异和劣异:若 q_n 处于第 k 评价等级优越一侧则认为是优异,其值记为 b_1,且 q_n 越靠近第 k 评价等级,a 越大,b_1 越小;若 q_n 处于第 k 评价等级劣差一侧则认为是劣异,其值记为 b_2,且 q_n 越靠近第 k 评价等级,a 越大,b_2 越小。③当指标评价值 q_n 处于第 k 评价等级的相隔级别标准区间时,可将其细分为优反和劣反：若 q_n 处于第 k 评价等级优越一侧则认为是优反，其值记为 c_1，且 q_n 越靠近第 k 评价等级，a、b_1 越大，c_1 越小；若 q_n 处于第 k 评价等级劣差一侧则认为是劣反，其值记为 c_2，且 q_n 越靠近第 k 评价等级，a、b_2 越大，c_2 越小。

此处环境影响指标体系为越小越优型，建立指标评价值 q_n 与溃坝环境影响各评价等级 k（$k=1$，2，3，4，5）之间的单指标联系度 μ_{kn}，如式(4-54)~式(4-58)所示。

$$\mu_{1n} = \begin{cases} 1 & q_n \in [X_{0n}, X_{1n}) \\[2mm] \dfrac{X_{1n}}{q_n} + \dfrac{q_n - X_{1n}}{q_n}i^- & q_n \in [X_{1n}, X_{2n}) \\[2mm] \dfrac{X_{1n}}{q_n} + \dfrac{X_{2n} - X_{1n}}{q_n}i^- + \dfrac{q_n - X_{2n}}{q_n}j^- & q_n \in [X_{2n}, X_{5n}] \end{cases} \tag{4-54}$$

$$\mu_{2n} = \begin{cases} \dfrac{X_{2n} - X_{1n}}{X_{2n} - q_n} + \dfrac{X_{1n} - q_n}{X_{2n} - q_n}i^+ & q_n \in [X_{0n}, X_{1n}) \\[2mm] 1 & q_n \in [X_{1n}, X_{2n}) \\[2mm] \dfrac{X_{2n} - X_{1n}}{q_n - X_{1n}} + \dfrac{q_n - X_{2n}}{q_n - X_{1n}}i^- & q_n \in [X_{2n}, X_{3n}) \\[2mm] \dfrac{X_{2n} - X_{1n}}{q_n - X_{1n}} + \dfrac{X_{3n} - X_{2n}}{q_n - X_{1n}}i^- + \dfrac{q_n - X_{3n}}{q_n - X_{1n}}j^- & q_n \in [X_{3n}, X_{5n}] \end{cases} \tag{4-55}$$

$$\mu_{3n} = \begin{cases} \dfrac{X_{3n} - X_{2n}}{X_{3n} - q_n} + \dfrac{X_{2n} - X_{1n}}{X_{3n} - q_n}i^+ + \dfrac{X_{1n} - q_n}{X_{3n} - q_j}j^+ & q_n \in [X_{0n}, X_{1n}) \\[2mm] \dfrac{X_{3n} - X_{2n}}{X_{3n} - q_n} + \dfrac{X_{2n} - q_n}{X_{3n} - q_n}i^+ & q_n \in [X_{1n}, X_{2n}) \\[2mm] 1 & q_n \in [X_{2n}, X_{3n}) \\[2mm] \dfrac{X_{3n} - X_{2n}}{q_n - X_{2n}} + \dfrac{q_n - X_{3n}}{q_n - X_{2n}}i^- & q_n \in [X_{3n}, X_{4n}) \\[2mm] \dfrac{X_{3n} - X_{2n}}{q_n - X_{2n}} + \dfrac{X_{4n} - X_{3n}}{q_n - X_{2n}}i^- + \dfrac{q_n - X_{4n}}{q_n - X_{2n}}j^- & q_n \in [X_{4n}, X_{5n}] \end{cases} \tag{4-56}$$

$$\mu_{4n} = \begin{cases} \dfrac{X_{4n} - X_{3n}}{X_{4n} - q_n} + \dfrac{X_{3n} - X_{2n}}{X_{4n} - q_n}i^+ + \dfrac{X_{2n} - q_n}{X_{4n} - q_n}j^+ & q_n \in [X_{0n}, X_{2n}) \\[2mm] \dfrac{X_{4n} - X_{3n}}{X_{4n} - q_n} + \dfrac{X_{3n} - q_n}{X_{4n} - q_n}i^+ & q_n \in [X_{2n}, X_{3n}) \\[2mm] 1 & q_n \in [X_{3n}, X_{4n}) \\[2mm] \dfrac{X_{4n} - X_{3n}}{q_n - X_{3n}} + \dfrac{q_n - X_{4n}}{q_n - X_{3n}}i^- & q_n \in [X_{4n}, X_{5n}] \end{cases} \tag{4-57}$$

$$
\mu_{5n} = \begin{cases} \dfrac{X_{5n} - X_{4n}}{X_{5n} - q_n} + \dfrac{X_{4n} - X_{3n}}{X_{5n} - q_n}i^+ + \dfrac{X_{3n} - q_n}{X_{5n} - q_n}j^+ & q_n \in [X_{0n}, X_{3n}) \\[2mm] \dfrac{X_{5n} - X_{4n}}{X_{5n} - q_n} + \dfrac{X_{4n} - q_n}{X_{5n} - q_n}i^+ & q_n \in [X_{3n}, X_{4n}) \\[2mm] 1 & q_n \in [X_{4n}, X_{5n}] \end{cases} \tag{4-58}
$$

式中：q_n 指第 n 项评价指标的评价值；X_{0n}、X_{1n}、X_{2n}、X_{3n}、X_{4n}、X_{5n} 分别为第 n 项评价指标对应各取值标准界限值。

3）确定相对隶属度

应用上述构建的可变模糊相对差异度，计算评价对象隶属于模糊评价等级 k 的相对隶属度，如式（4-59）所示。

$$
\eta_{kn} = \frac{1 + \mu_{kn}}{2} \tag{4-59}
$$

4）确定指标权重

指标权重值参考文献[52]中的层次分析法计算结果。

5）计算综合隶属度

溃坝环境影响等级对风险级别 k 的综合相对隶属度如式（4-60）所示。

$$
v_k = F(\omega_n, \eta_{kn}) = \left\{ 1 + \left[\frac{\displaystyle\sum_{n=1}^{7} \left[\omega_n(1 - \eta_{kn}) \right]^p}{\displaystyle\sum_{n=1}^{7} (\omega_n \eta_{kn})^p} \right]^{\frac{\alpha}{p}} \right\}^{-1} \tag{4-60}
$$

式中：ω_n 为指标权重；α 为优化准则参数，$\alpha = 1$ 为最小一乘法准则，$\alpha = 2$ 为最小二乘法准则；p 为距离参数，$p = 1$ 为海明距离，$p = 2$ 为欧氏距离。α 和 p 统称为可变模型参数，通常有 4 种组合：①$\alpha = 1$，$p = 1$；②$\alpha = 1$，$p = 2$；③$\alpha = 2$，$p = 1$；④$\alpha = 2$，$p = 2$。

6）确定级别特征值及评价等级

通过采用式（4-60）中模型参数 α、p 的 4 种不同组合，可计算得到 4 组综合隶属度向量，对其进行归一化处理可得到满足归一化要求的综合隶属度向量 V。5 个评价等级用数字 1~5 对应，根据式（4-61）和式（4-62）计算水库溃坝环境影响级别特征值 H，得到 4 种模型参数下待评价水库的溃坝环境影响等级变动范围，分析级别特征值的稳定性，最终确定待评价水库的溃坝环境影响风险等级。

$$
V_k = v_k \Big/ \sum_{k=1}^{5} v_k \tag{4-61}
$$

$$
H = \sum_{k=1}^{5} (V_k k) \tag{4-62}
$$

3. 方法验证

1）计算结果

以安徽省滁州市沙河集水库为例进行模型应用，为便于对比分析，本次研究采用文献[52]的指标数据作为原始数据，各项评价指标的评价值 q 如表 4-32 所示。

表 4-32　沙河集水库潜在溃坝环境影响评价指标评分

评价指标	下游环境	评价值
植被覆盖	地表林地、草地大面积损毁	0.78
河道形态	大江大河遭受严重破坏	1.80
生物多样性	一般动植物	13.30
人居景观环境	市级人居景观环境遭受破坏	27.80
污染工业	大规模化工厂、农药厂	84.10
水环境	现水质为Ⅲ类	49.50
土壤环境	现为集中式生活饮用水源地	91.60

利用式(4-54)~式(4-59)计算沙河集水库潜在溃坝环境影响指标对各评价等级的相对隶属度 μ。i、j 的取值根据集对分析理论中差异度系数和对立度系数的均分原则,参考系数特殊取值法,选取 $i^+ = 0.5$,$i^- = -0.5$,$j^+ = 0$,$j^- = -1$。计算结果如表 4-33 所示。

表 4-33　沙河集水库潜在溃坝环境影响评价指标相对隶属度计算结果

指标等级	植被覆盖	河道形态	生物多样性	人居景观环境	污染工业	水环境	土壤环境
轻微	0.320 5	0.152 8	1.000 0	0.924 5	0.356 8	0.606 1	0.327 5
一般	0.431 1	0.265 6	0.907 7	1.000 0	0.423 0	0.862 2	0.375 4
中等	0.644 7	0.538 5	0.790 1	0.884 4	0.633 6	1.000 0	0.536 5
严重	1.000 0	1.000 0	0.709 2	0.762 3	1.000 0	0.890 9	0.813 9
极其严重	0.977 3	0.993 9	0.644 2	0.673 2	0.985 9	0.747 5	1.000 0

利用式(4-60)~式(4-62)计算沙河集水库潜在溃坝环境影响在不同可变模糊集模型参数下的归一化综合隶属度向量 V,以及对应模型的级别特征值 H,计算结果如表 4-34 所示。

表 4-34　归一化综合隶属度向量及级别特征值计算结果

模型参数	归一化后的综合隶属度向量	级别特征值
$\alpha = 1, p = 1$	[0.125 7, 0.156 6, 0.201 2, 0.253 8, 0.262 7]	3.371 2
$\alpha = 1, p = 2$	[0.125 7, 0.154 7, 0.195 7, 0.256 6, 0.267 2]	3.384 9
$\alpha = 2, p = 1$	[0.098 6, 0.154 5, 0.223 0, 0.267 0, 0.263 1]	3.435 3
$\alpha = 2, p = 2$	[0.092 7, 0.144 8, 0.214 5, 0.271 9, 0.276 1]	3.494 1

由表 4-34 可知:在 4 种不同模型参数组合下的综合隶属度向量计算结果中,各级别隶属度分布趋势一致且稳定性较好。根据不同模型参数下的级别特征值计算结果可知,沙河集水库潜在溃坝环境影响的级别特征值 $H = 3.42$,属于 1~5 级中的 [3,4] 区间,故评价等级应为第 4 级,即沙河集水库潜在溃坝环境影响风险程度为"严重"。

2) 结果分析与对比

将上述评价结果与其他方法的评价结果进行对比,如表 4-35 所示。

表 4-35　沙河集水库潜在溃坝环境影响不同评价方法的评价结果对比

评价方法	评价结果
模糊数学理论评价法	极其严重
综合社会环境影响指数评价法	不可容忍
集对分析法	严重
集对分析-可变模糊集耦合法	严重

从表 4-35 可以看出:

(1) 本模型的评价结果与其他已有评价方法的评价结果基本一致,表明集对分析-可变模糊集耦合模型应用于溃坝环境影响合理可行。

(2) 常规集对分析方法未明确给出差异度和对立度系数 i、j 的值,只是将其看作特征符号,且利用最大集对势来确定最终评价等级,只考虑了"同"和"反"两集合的关系。未考虑差异关系,会导致部分信息丢失,对问题的整体性描述较弱。与常规集对分析相比,所构建的评价模型运用集对联系度的可拓展性对联系度计算公式进行细分改进,i、j 被赋予具体数值从而保证了评价信息的完整性。以此构建的可变模糊相对差异度函数,更加全面客观地考虑了事物的不确定性本质,简化了可变模糊差异度的构建过程。在综合隶属度计算中,全面地反映了事物的非线性和可变模糊性,更加符合溃坝环境影响系统的模糊不确定性特点。

(3) 可变模糊集理论考虑 4 种不同的可变模型参数,更好地反映了模糊概念的相对性和动态可变性,避免了模糊集合理论中隶属函数存在静态化的问题,并且较好地解决了模糊数学等方法不易区分相邻两类差异、难以反映评价过程中不确定性以及评价指标不兼容等问题。

(4) 所构建模型的评价结果与综合影响系数法以及模糊数学理论评价方法的评价结果相差一个等级,主要原因是:综合影响系数法将溃坝社会影响和环境影响合二为一,并且评价结果是结合了溃坝概率后的综合结果,并非是针对溃坝环境影响单项的评价;沙河集水库为支流上的中型水库,是由于下游较多的风险人口和较高的溃坝概率才得出了"不可容忍"的评价结果;模糊数学理论评价法的评价准则是最大隶属度原则,从表 4-34 可以看出,如果运用最大隶属度原则进行评价,本书研究 4 种模型参数下的评价结果也均为"极其严重"等级。当某两个等级的隶属度非常相近时,本次研究中 4 种模型参数计算结果中"极其严重"和"严重"两个等级间的差异仅为 1% ~7%,若采用最大隶属度原则进行等级判断,可能存在判断失真的问题。因此,运用级别特征值作为最终等级判断的依据更加客观、准确。

4.4.2.4　其他方法

1. 主成分分析法

主成分分析法主要目的是希望用较少的变量去解释原来资料中的大部分变量,将我们手中许多相关性很高的变量转化成彼此相互独立或不相关的变量。通常是选出比原始变量个数少,能解释大部分已有变量的几个新变量,即所谓主成分,并用以解释资料的综合性指标。由此可见,主成分分析实际上是一种降维分析方法。主成分分析法的大致应用步骤如下:

(1)建立观测样本矩阵,如式(4-63)所示。

$$X = \begin{bmatrix} X_{11} & X_{12} & \cdots & X_{1p} \\ X_{21} & X_{22} & \cdots & X_{2p} \\ \vdots & \vdots & & \vdots \\ X_{n1} & X_{n2} & \cdots & X_{np} \end{bmatrix} \tag{4-63}$$

式中:n 为样本数;P 为变量数。

(2)原始数据标准化。

为排除数量级和量纲不同的影响,对每一个特征的取值,进行零均值化处理。如果这些特征不在一个数量级上,应将其除以标准差 σ。

(3)求协方差矩阵。

求得 n 个特征的协方差矩阵,如式(4-64)所示。

$$C = \frac{1}{n-1} A A^T \tag{4-64}$$

式中:n 为样本数;A 为样本矩阵。

(4)计算特征方程。

对协方差矩阵进行对角化处理,求得矩阵 C 的 n 个特征根 $\lambda_1, \lambda_2, \cdots, \lambda_n$ 和对应的单位特征向量,并按照对应的特征值的大小依次排列。

(5)确定主成分。

①计算各成分的方差贡献率,如式(4-65)所示。

$$e_j = \lambda_j / \sum_{j=1}^{p} \lambda_j \times 100\% \tag{4-65}$$

贡献最大的主成分为第一主成分,其次为第二主成分,以此类推。

②确定主成分的个数。例如:如果累计贡献率达到85%以上,基本可以保留原因子 $X_1, X_2, \cdots, X_p$ 的信息,那么当前面 m 个主成分贡献率达到85%以上时,就将因子数由 p 个减少为 m 个,从而起到筛选因子的作用。

③写出主成分,如式(4-66)所示。

$$Y_j = a_{1j}X_1 + a_{2j}X_2 + \cdots + a_{nj}X_n, j = 1, 2, \cdots, p \tag{4-66}$$

(6)计算综合得分 Z,如式(4-67)所示。

$$Z = \sum_{j=1}^{m} e_j Y_j \tag{4-67}$$

式中:e_j 为各主成分的贡献率;Y_j 为各主成分的值。

(7)结合评价标准,根据综合得分评价事物所属等级。

2. 灰色关联度法

灰色关联度法是灰色系统分析方法的一种,它的基本原理是:若干个统计数列所构成的各条曲线几何形状越接近,即各条曲线越平行,则它们的变化趋势越接近,关联度越大。可用各方案与最优方案之间关联度的大小对评价对象进行比较排序。灰色关联度的大致应用步骤如下:

(1)确定参考数列、比较数列和评价标准。

反映系统行为特征的数据序列为参考数列,影响系统行为因素组成的数据序列为比较数列。

(2)对参考数列和比较数列进行无量纲化处理。

由于系统中各因素的物理意义不同,导致数据的量纲也不一定相同,不便于直接比较,因此在分析前需要对数据进行无量纲化处理。

(3)计算参考数列与比较数列的灰色关联度系数。

对于一个参考数列 X_0 有若干个比较数列 $X_1,X_2,\cdots,X_n$,计算各比较数列与参考数列在各个时刻(曲线中的各个点)的关联度系数 ε_{kj},如式(4-68)所示。

$$\varepsilon_{kj} = \frac{\Delta_{\min} + \rho\Delta_{\max}}{\Delta kj + \rho\Delta_{\max}} \tag{4-68}$$

式中: $\Delta_{\min} = \min\limits_{k}\min\limits_{j}|x_{ij}-x_{kj}|$, $\Delta_{\max} = \max\limits_{k}\max\limits_{j}|x_{ij}-x_{kj}|$, $\Delta_{kj} = |x_{ij}-x_{kj}|$, x_{ij} 为待评价对象的第 j 项评价因子实测值; x_{kj} 为评估后果第 k 个等级第 j 项评价因子实测值; ρ 为分辨系数, ρ 越小,分辨力越大, $\rho\in(0,1)$,一般取 0.5。

(4)计算关联度并排序。

关联度系数是比较数列与参考数列在各个时刻的关联度值,所以它的数不止一个。为了便于进行整体比较,可将各个时刻的关联度系数集中为一个值 r_k,如式(4-69)所示。

$$r_k = \sum_{j=1}^{m} \omega_j \varepsilon k_j \tag{4-69}$$

式中: ω_j 为各指标的权重,可由层次分析法等方法得到。

最大关联度 $r_k^* = \max\limits_{1\leqslant k\leqslant p}\{r_1,r_2,\cdots,r_p\}$,相应风险后果的级别 k 即为待评价的风险后果级别。

3. 物元法

物元法以研究促进事物转化,解决不相容问题为核心内容,是我国学者蔡文所首创。物元法可以比较合理地描述自然和社会现象中各事务的内部结构和彼此之间的关系及事物的变化趋势,它的理论框架由研究物元及其变化的物元理论和建立在可拓集合基础上的数学工具两个部分组成。物元法的大致应用步骤如下:

(1)建立物元矩阵。

事物 N 具有特征 c,其值为 v,则可用 N、c、v 构成的三元组 $\boldsymbol{R}=(N,c,v)$ 作为描述事物的基本元,简称物元。如果 N 需要用 n 个特征 $c_1,c_2,\cdots,c_n$ 和其对应量值 $x_1,x_2,\cdots,x_n$ 来描述,则称为 n 维物元,用矩阵表示如式(4-70)所示。

$$\boldsymbol{R} = (N,c_1,x_1) = \begin{pmatrix} N & c_1 & x_1 \\ & c_2 & x_2 \\ & \vdots & \vdots \\ & c_n & x_n \end{pmatrix} \tag{4-70}$$

（2）确定经典域和节域物元矩阵。

经典物元矩阵可表示为式（4-71）所示形式。

$$\boldsymbol{R}_j = (N_j, c_i, x_{ij}) = \begin{pmatrix} N_j & c_1 & x_{j1} \\ & c_2 & x_{j2} \\ & \vdots & \vdots \\ & c_n & x_{jn} \end{pmatrix} = \begin{pmatrix} N_j & c_1 & \langle a_{j1}, b_{j1} \rangle \\ & c_2 & \langle a_{j2}, b_{j2} \rangle \\ & \vdots & \vdots \\ & c_n & \langle a_{jn}, b_{jn} \rangle \end{pmatrix} \tag{4-71}$$

式中：N_j 为所划分的 j 个等级；c_i 为事物第 j 个等级的第 i 个特征；x_{ij} 为 N_j 所取值的范围，即经典域。

节域物元矩阵可表示为式（4-72）所示形式。

$$\boldsymbol{R}_p = (P, c_i, x_{pi}) = \begin{pmatrix} N_j & c_1 & x_{p1} \\ & c_2 & x_{p2} \\ & \vdots & \vdots \\ & c_n & x_{pn} \end{pmatrix} = \begin{pmatrix} P & c_1 & \langle a_{p1}, b_{p1} \rangle \\ & c_2 & \langle a_{p2}, b_{p2} \rangle \\ & \vdots & \vdots \\ & c_n & \langle a_{pn}, b_{pn} \rangle \end{pmatrix} \tag{4-72}$$

式中：P 为待评价对象等级的全体；x_{ij} 为 P 关于 c_i 的取值范围，即节域。

（3）确定权重。

（4）建立关联函数并计算关联度值。

定义实轴上的点 x 与区间 $X_0 = (a, b)$ 之间的矩如式（4-73）所示。

$$\rho(x, X_0) = \left| x - \frac{a+b}{2} \right| - \frac{1}{2}(b - a) \tag{4-73}$$

令关联函数为：

$$k(x_i) = \begin{cases} \dfrac{-\rho(x_i, x_{ji})}{|x_0|} & x \in x_0 \\[3mm] \dfrac{\rho(x_i, x_{ji})}{\rho(x_i, x_{pi}) - \rho(x_i, x_{ji})} & x \notin x_0 \end{cases} \tag{4-74}$$

式中：$\rho(x_i, x_{ji})$ 为点 x_i 与有限区间 $x_0 = [a, b]$ 的距离；$\rho(x_i, x_{pi})$ 为点 x_i 与有限区间 $x_{pi} = [a_{pi}, b_{pi}]$ 的距离。

（5）确定待评价物元的评价等级。

确定待评价物元的联系度之后，可确定待评价物元的最终评价等级，如式（4-75）所示。

$$k_j(P_k) = \sum_{i=1}^{n} \omega_i k_j(x_i) \quad (j = 1, 2, \cdots, m) \tag{4-75}$$

式中：$k_j(P_k)$ 为待评价对象 P_k 属于第 j 级的关联度；ω_i 为权重系数。

根据最大隶属度原则，若 $k_j = \max\{k_1(P_k), k_2(P_k), \cdots, k_m(P_k)\}$，$j = (1, 2, \cdots, m)$，则待评价对象 P_k 属于评价等级 j 级。

第 5 章　水库大坝风险标准与风险评价

在水利工程中,风险伴随着大坝的整个生命周期,是溃坝可能性和后果的乘积。为最大程度地减少潜在溃坝带来的严重后果,为国家相关部门水库大坝管理提供理论和技术支撑,需要对大坝风险进行评价。而风险评价与管理的基础和关键离不开风险标准的制定,因为没有标准的研究只能揭示事物的内在规律,而难以给出科学决策的依据。因此,本章结合前几章的相关分析,阐述风险标准的制定与应用。

5.1　风险标准构建的基本思路

风险标准的制定不仅要考虑工程本身的安全程度,还要从水库大坝的溃坝风险出发,重点关注大坝造成的潜在威胁是否超过下游公众的可接受或可容忍水平,从而综合量化项目与人、项目与社会的关系。这对于完善大坝风险管理理论,准确评价大坝风险水平,科学采用风险管理手段具有重要意义。

本节主要介绍风险标准构建的基本原则和方法,并根据当前风险标准的研究和应用情况,列举出国内外具有代表性的风险标准。

5.1.1　风险标准构建的基本原则

风险标准的确定需要综合考虑政治、经济、文化、公众心理、技术水平等多方面因素。不同的国家和地区有不同的优先事项,采用了不同的风险原则。

国外一些发达国家和地区在风险标准构建原则方面的研究较早且研究成果丰富,主要包括"最低合理可行"(as low as reasonably practicable,ALARP),"尽可能低"(as low as reasonably achievable,ALARA),"总体来说至少同样好"(globalement au moins aussi bon,GAMAB),"最低内源性死亡率"(minimum endogenous mortality,MEM),"至少同等安全"(mindestens gleiche sicherheit,MGS)和"不可避免"(nicht mehr als unvermeidbar,NMAU)等原则,对风险标准的制定有着指导性的意义。其中 ALARP 的理念起源于英国,并被制定为法律。其正式的概念是由英国法庭在 1949 年审理 Edwards 与英国煤炭部的一件案子时所提出的。1974 年,英国健康安全委员会(Health and Safety Executive,HSE)根据 1972 年的罗本斯报告(the Robens Report on Safety and Health at Work)中推荐的 SFAIRP(so far as is reasonably practicable,只要合理切实可行)建议,明确要求采用 ALARP 准则进行风险管理和决策,这对于风险标准的选择及合理制订风险处理方案具有里程碑意义。该准则根据可容忍风险水平和可接受风险水平,将风险分为三个区域,即不可容忍区域、ALARP 区域和可接受区域,如图 5-1 所示。

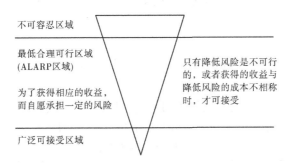

图 5-1 ALARP 准则和风险等级

5.1.2 风险标准的构建方法及其不足

5.1.2.1 风险标准的构建方法

风险标准建立的方法主要有期望损失法、风险矩阵和 F–N 曲线等。

1. 期望损失法

1) 个人期望损失

个人生命风险通常被定义为一个未采取特殊保护措施的人,长期处于某一特定生活位置,在一年内遭受偶然事故的死亡概率,是风险标准的最小单元,如式(5-1)所示。

$$\mathrm{IR} = P_f \times P_{d/f} \tag{5-1}$$

式中:IR 为个体风险;P_f 为事故发生的概率;$P_{d/f}$ 为个体在事故发生条件下的死亡概率(假设个体永久地处于无保护状态)。

根据个人生命风险的定义,可定义水库大坝造成的个人生命风险(年期望损失),如式(5-2)所示。

$$\mathrm{IR} = \sum_{i=1}^{n} P_i \times P_{d/i} \tag{5-2}$$

式中:IR 为个人生命风险;P_i 为 i 个大坝事故造成洪水的概率;$P_{d/i}$ 为 i 个洪水中的个人死亡概率。

2) 社会期望损失

社会生命风险是指某群体遭受特定事故死亡的人数及其相应概率的关系,可用式(5-3)表示。

$$P_f(x) = P(N > x) = \int_x^{\infty} f_N(x)\,\mathrm{d}x \tag{5-3}$$

式中:$P_f(x)$ 为年死亡人数大于 x 的概率;$f_N(x)$ 为年死亡人数 N 的概率密度函数。

社会(年)期望损失可按式(5-4)确定。

$$E(N) = \iint_A \mathrm{IR}(x,y)\,m(x,y)\,\mathrm{d}x\mathrm{d}y \tag{5-4}$$

式中:$E(N)$ 为年生命损失期望值;$m(x,y)$ 为 (x,y) 范围内的人口密度;$\mathrm{IR}(x,y)$ 为生活在 (x,y) 范围内的个人生命风险值。

在实际应用中,溃坝引起的期望损失可按式(5-5)确定。

$$E(N) = \mathrm{PAR} \times P_{\mathrm{f}} \times P_{\mathrm{d/f}} \tag{5-5}$$

式中:PAR 为风险人口。

2. 风险矩阵

尽管目前尚未达成共识,但基于某一事故情景中发生后果的严重程度及其概率组合的风险矩阵在实践中得到了广泛应用。

风险矩阵通常以半定量的方式使用,其评估结果通常由两个关键要素生成:严重性和概率。通常,这些元素分为 3 个级别:低(L)、中(M)和高(H),如表 5-1 所示。

表 5-1　典型风险矩阵

严重性	概率				
	0~0.10	0.10~0.40	0.40~0.60	0.60~0.90	0.90~1.00
极其严重	中(M)	高(H)	高(H)	高(H)	高(H)
严重	中(M)	中(M)	中(M)	高(H)	高(H)
中等	低(L)	中(M)	中(M)	中(M)	高(H)
轻微	低(L)	低(L)	中(M)	中(M)	中(M)
忽略不计	低(L)	低(L)	低(L)	中(M)	中(M)

3. F-N 曲线

1967 年 Farmer 利用概率论建议了一条各种风险事故所容许发生的限制曲线(表示事故后果与其超过概率之间的关系),即著名的 F-N 曲线,其首先被用于核电站的风险评价。F-N 曲线表示死亡人数 N 与其超过概率之间的关系,如式(5-6)所示。

$$1 - F_N(x) < \frac{C}{x^n} \tag{5-6}$$

式中:$F_N(x)$ 为年死亡人数小于 x 的概率分布函数;C 为常数;n 为标准线的斜率,反映人们对于不同事故后果的接受程度。

F-N 曲线表示事故损失与其超过概率之间的关系,也可有效用于表征人们对于不同概率、不同损失的接受程度,目前在英国、荷兰、丹麦、澳大利亚等国家的风险标准构建中得到了广泛的应用。

5.1.2.2　上述风险标准构建方法的不足

1. 期望损失法

期望损失的概念包含风险概率和风险后果两个方面,但是其无法有效地反映低概率高损失与高概率低损失的差异,且上述两种情况造成的社会影响及社会对于其接受程度均存在非常大的差异。例如:当几次小事故造成的损失等于一次大事故造成的损失时,人们往往把注意力集中在大事故上,然而基于风险基本概念建立的期望损失并不能有效反映这方面的问题。

2. 风险矩阵或 F-N 曲线

由风险矩阵或 F-N 曲线表示的社会生命风险,显示了给定活动不同程度事故的概率。在不同的工作条件下,大坝的失事概率和潜在生命损失具有显著的差异,计算的风险结果可能位于风险矩阵或者 $F-N$ 曲线的不同区域,其评价结果存在潜在的冲突,如图 5-2 和图 5-3 所示。

严重性 概率	0~0.10	0.10~0.40	0.40~0.60	0.60~0.90	0.90~1.00
极其严重	中(M)	高(H)	高(H)	高(H)	高(H)
严重	中(M)	中(M)	中(M)	高(H)	高(H)
中等	低(L)	中(M)	中(M)	中(M)	高(H)
轻微	低(L)	低(L)	中(M)	中(M)	中(M)
忽略不计	低(L)	低(L)	低(L)	中(M)	中(M)

图 5-2 风险矩阵中的潜在冲突

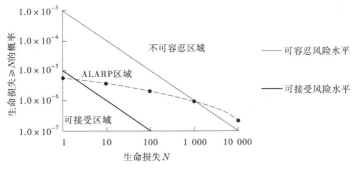

图 5-3 $F-N$ 曲线中的潜在冲突

一座水库大坝在不同工况下发生不同形式的失事事故,在溃坝洪水严重性、风险人口及构成、预警时间等多种因素的作用下,可能会造成不同程度的生命损失。以图 5-3 为例,某座水库大坝造成 10 人生命损失的概率可能介于 $1.0×10^{-6}~1.0×10^{-4}$,根据 ALARP 准则,此时该水库大坝风险水平位于 ALARP 区域;该水库大坝造成 10 000 人生命损失的概率可能介于 $1.0×10^{-7}~1.0×10^{-6}$,根据 ALARP 准则,此时该水库大坝风险水平位于不可容忍区域。这就造成从不同情况考虑,该水库大坝风险水平既处于 ALARP 区域又处于不可容忍区域的冲突情况。

虽然风险矩阵与 $F-N$ 曲线方法存在上述不足,但因具有逻辑清晰、合理的特点,依然是目前世界各国运用最为广泛的风险标准制定方法。

5.2 部分国家和地区代表性风险标准

与社会影响和环境影响风险标准相比,目前世界范围内关于生命风险标准的成果和应用较多,其次为经济风险标准。

5.2.1 生命风险标准

根据风险承受对象的不同,生命风险标准分为两类:一类是个人生命风险标准,另一类是社会生命风险标准。

5.2.1.1 个人生命风险标准

部分国家(或相关国家的不同部门)制定的个人生命风险标准如表 5-2 所示。

表 5-2 部分国家的个人生命风险标准

参考	不可容忍风险标准(死亡人数/年)		广泛接受的风险标准和 ALARP 区域(死亡人数/年)	说明
BC Hydro (1997)	10^{-4}			(1)在 ALARP 规定的范围内,生命安全风险应降低到可容忍限度以下; (2)在可接受和可容忍线之间应使用 ALARP 原则
Netherlands (2000)	已建大坝 10^{-5}			
	新建大坝 10^{-6}			
ANCOLD (2003)	已建大坝 10^{-4}		10^{-6}	
	新建大坝 10^{-5}			
NSW-Australia (2006)	已建大坝 10^{-4}			
	新建大坝 10^{-5}			
CDA (2007)	10^{-4}			
USACE (2010)	10^{-4}		10^{-6}	
USBR (2011)	10^{-4}		10^{-6}	

5.2.1.2 社会生命风险标准

英国、中国香港等发达国家和地区的可容忍风险标准如图 5-4 所示。

美国垦务局(USBR)通常根据期望生命损失将大坝安全程度分为 3 类:

(1)安全:$E(N) \leqslant 10^{-3}$ 人/(年·坝);

(2)非安全:10^{-3} 人/(年·坝) $<E(N) \leqslant 10^{-2}$ 人/(年·坝);

(3)危险:$E(N)>10^{-2}$ 人/(年·坝)。

加拿大不列颠哥伦比亚省水电公司(BC Hydro)则根据大坝新旧及重要程度的不同,采取了不同的期望生命损失:

(1)已建大坝:$E(N) \leqslant 10^{-3}$ 人/(年·坝);

(2)新建大坝(重要水库大坝):$E(N) \leqslant 10^{-4}$ 人/(年·坝)。

5.2.2 经济风险标准

对于经济风险标准的制定,各国大都是根据水库大坝业主的自身情况制定,没有统一的标准。以澳大利亚大坝委员会(ANCOLD)和加拿大 BC Hydro 制定的经济风险标准为代表。

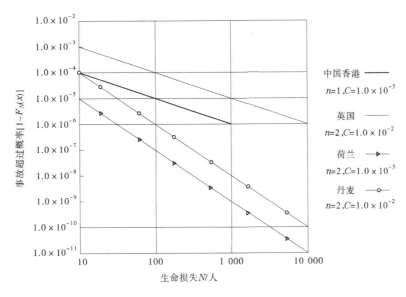

图 5-4　部分国家及地区生命风险标准

澳大利亚大坝委员会(ANCOLD)在对大量大坝进行风险分析和风险评价的基础上制定了经济风险标准,如图 5-5 所示。

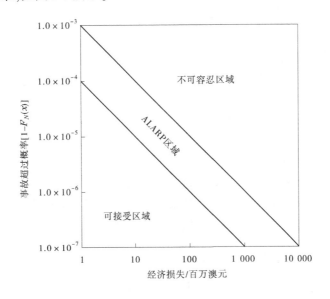

图 5-5　ANCOLD 经济风险标准

BC Hydro 起初规定经济损失可接受风险标准为 US＄7 120/(年·坝),之后规定每年每座大坝的期望损失不能超过 US＄10 000。

5.3　我国水库大坝风险标准的构建

5.3.1　风险标准构建原则

发达国家和地区在风险标准构建方面的研究较早且进行了一些实际运用,其在风险标准制定过程中所考虑的主要因素及一些关键问题的处理方法,对于我国水库大坝风险标准的构建具有重要参考意义。综合考虑我国的实际情况,在风险标准的制定中应遵循以下原则。

5.3.1.1　社会角度

(1)符合经济、社会发展水平。

经济、社会水平是进行大坝风险管理的支撑条件。我国作为发展中国家,经济、社会发展水平与发达国家依然存在较大差距。如果风险标准定得太高,则容易导致无力支持该标准的实施。因而风险标准应符合我国的经济、社会发展水平,能源政策及生命的价值和重视程度。

(2)符合社会对于风险的接受意愿。

随着教育程度及知识水平的不断提高,人们对于可能发生事故对自身安全及生活水平所造成的影响更加关注。风险管理的目的是使风险为群众所容忍或者接受,因此社会对于风险的接受意愿是决定风险标准是否合理的关键因素之一。

5.3.1.2　技术角度

(1)符合工程的安全状况。

与发达国家相比,我国的大坝安全程度依然偏低,且管理资金较为缺乏。国际上目前运用最为广泛的风险标准准则 ALARP 的关键词之一是合理(reasonably),意味着风险标准应符合大坝的实际安全状况。如果与当前的安全状况差距太大,则是不合理、没有实际意义的。

(2)与安全标准有效衔接。

管理方式的转变是一个逐渐变化的过程。在大坝风险管理的初期,基于风险分析的大坝安全决策可作为安全标准的补充。如果风险标准与安全标准不能有效衔接,则此标准较难得到官方及社会的认可,不利于风险管理技术的发展及研究成果的应用。

5.3.2　个人生命风险标准

近年来的事故统计数据和其他行业现有的风险标准,可为我国水库大坝个人生命风险标准的制定提供参考依据。

(1)近年溃坝生命损失统计。

溃坝洪水造成的死亡率主要取决于洪水严重性、警报时间和风险人口对洪水严重性的理解程度。根据个人生命风险的定义,参照文献[66]的研究成果,无预警状况下发生洪水造成的死亡率可取 0.35。1982~2000 年,全国水库年平均溃坝率为 2.54×10^{-4},则溃坝造成的年平均事故死亡率为 0.90×10^{-4}。

（2）近年安全生产事故统计。

根据《中国安全生产年鉴》和《国家统计年鉴》，2000~2012 年共 13 年间，全国因事故死亡人数总数为 1 403 964 人，年平均事故死亡率为 0.822 5×10^{-4}，如表 5-3 所示。

表 5-3　2000~2012 年全国事故死亡人数统计

年份	事故死亡人数	年末总人数/10^4	事故个人死亡率/10^{-4}
2000	117 718	126 743	0.928 8
2001	130 491	127 627	1.022 4
2002	139 393	128 453	1.085 2
2003	137 070	129 227	1.060 7
2004	136 755	129 988	1.052 1
2005	126 760	130 756	0.969 4
2006	112 822	131 448	0.858 3
2007	101 480	132 129	0.768 0
2008	91 172	132 802	0.686 5
2009	83 196	133 450	0.623 4
2010	79 552	134 091	0.593 3
2011	75 572	134 735	0.560 9
2012	71 983	135 404	0.531 6
2000~2012	1 403 964		0.822 5

（3）已有的风险标准。

国家安全生产监督管理总局（现为国家应急管理部）于 2014 年公布《危险化学品生产、储存装置个人可接受风险标准和社会可接受风险标准（试行）》，如表 5-4 所示。

表 5-4　危险化学品生产、储存装置个人可接受风险标准（试行）

防护目标	个人可接受风险标准（概率值）	
	新建装置（每年）≤	在役装置（每年）≤
低密度人员场所（人数<30 人）	$1×10^{-5}$	$3×10^{-5}$
高密度场所（30 人≤人数<100 人）	$3×10^{-6}$	$1×10^{-5}$

基于水利工程的实际情况，可借鉴表 5-4 中低密度人员场所的个人可接受风险标准值。

（4）国际上通常采用国家人口分年龄段死亡率最低值乘以一定的风险可允许增加系数，作为个人可接受风险的基准值，即：

个人可接受风险基准值＝人口分年龄段死亡率最低值×风险可允许增加系数　(5-7)

人口分年龄段死亡率最低值拟采用 2010 年 10~19 岁的平均死亡率，即 0.364‰；风险可允许增加系数：新建大坝拟取 3%，已建大坝拟取 10%，则新建大坝和已建大坝个人可接受风险基准值分别为 $1.05×10^{-5}$/年和 $3.64×10^{-5}$/年。

考虑到我国公众对于当前事故意外死亡率的接受程度,(1)和(2)的统计结果应位于可接受风险标准与可容忍风险标准之间;(3)和(4)分别为我国最新的风险标准及国际上通用的风险基准值确定方法,可作为水库大坝个人可接受风险取值的有效参考依据。参考 ANCOLD 制定的个人生命风险标准,可容忍风险标准比可接受风险标准提高一个数量级。在考虑新建大坝和已建大坝安全水平差异的基础上,建议我国水库大坝个人生命风险标准如表 5-5 所示。

表 5-5　个人生命风险标准建议值

风险标准	可容忍标准	可接受标准
新建大坝	$1×10^{-4}$/年	$1×10^{-5}$/年
已建大坝	$3×10^{-4}$/年	$3×10^{-5}$/年

5.3.3　社会生命风险标准

相比于个人风险,社会风险的定量化具有较大的不确定性,其过程包含很多的假设和估计。由于重大事故发生的次数非常少,很难有足够的数据来证明这些假设和估计的正确性,因而需综合考虑各方面的因素来确定 $F-N$ 曲线中相关参数的取值。

5.3.3.1　C 的取值

C 为常数,决定标准线的起始位置。可从以下几个角度来综合判断其取值。

1. Vrijling J K 的研究

对于低概率高损失的事故,一般情况下期望生命损失远小于其标准差,C 可以用国家基础设施水平数值 N_A、风险厌恶系数 k 和政策因子 β 的函数来表示,如式(5-8)所示。

$$C = \left[\frac{\beta \times 100}{k\sqrt{N_A}}\right]^2 \tag{5-8}$$

结合我国水库大坝安全管理特点和文献[102]的研究成果,对于可容忍风险标准,可取 $N_A = 1\,000, k = 3, \beta = 0.1$,则 $C = 10^{-2}$。

2. 已有风险标准

《危险化学品生产、储存装置个人可接受风险标准和社会可接受风险标准(试行)》的 $F-N$ 曲线对陆上危险化学品企业所制定的可容忍风险标准取 $C = 10^{-3}$。考虑到危险化学品装置在新建、改建、扩建和在役生产、储存等过程中发生事故主要是人为因素,而水库大坝施工、运行过程中不受人为控制的自然因素也是不确定因素的重要组成部分,因此建议适当降低标准,取 $C = 10^{-2}$。

综上所述,建议对于大坝可容忍风险标准取 $C = 10^{-2}$;可接受风险标准可取比其低一个数量级,则 $C = 10^{-3}$。

5.3.3.2　n 的取值

n 表示对于风险的偏好程度,当 $n = 1$ 时,叫作风险中立型;当 $n = 2$ 时,叫作风险厌恶型(发生多次小事故造成的损失与一次大事故造成的损失相同时,社会对于大事故更为关注）。

　　大中型水库溃坝后果极其严重,一般其发生一次事故造成的生命、经济损失也远大于多次小水库溃坝造成的损失,因而在同等条件下,人们对于大中型水库的溃坝后果更加关注。另外,当前国家和地方对于大中型水库的资金保障要好于小水库,其近年溃坝概率也低于小水库,安全情况较好。

　　考虑到上述两个方面,可对大中型水库取 $n=2$,小型水库取 $n=1$。

5.3.3.3　极值线

　　大部分国家和地区的风险标准均设定了极值线,有的表示事故概率小于某值则无须考虑事故损失,风险均可接受,如澳大利亚;有的表示事故损失大于某值则无须考虑事故概率,风险均不可容忍,如中国香港地区。考虑到我国大坝安全状况、管理水平及经济、社会发展水平,设置事故损失极值线在当前并不可行,因此可根据以下几点考虑设置事故概率极值线。

　　1. 我国大坝事故概率

　　1982~2000 年,全国大中型水库年均溃坝率为 0.88×10^{-4},小型水库年均溃坝率为 2.62×10^{-4}。按照 ANCOLD 建议,可取年均溃坝率的 10% 作为可容忍风险的极值线,以年均溃坝率的 1% 作为可接受风险的极值线。则大中型水库可容忍和可接受的风险概率极值线分别为 0.88×10^{-5} 和 0.88×10^{-6},小型水库可容忍和可接受的风险概率极值线分别为 2.62×10^{-5} 和 2.62×10^{-6}。

　　2. 我国的可靠度标准

　　《水利水电工程结构可靠性设计统一标准》(GB 50199—2013)规定了主要水工建筑物在承载能力极限状态持久设计状况下不发生二类破坏的可靠指标 β 的取值,如表 5-6~表 5-8 所示。

表 5-6　水利水电工程等级划分

工程规模	工程等别	主要建筑物级别	次要建筑物级别
大(1)型	I	1	3
大(2)型	II	2	3
中型	III	3	4
小(1)型	IV	4	5
小(2)型	V	5	5

表 5-7　水工建筑物结构安全级别

水工建筑物结构安全级别	水工建筑物级别
I	1
II	2、3
III	4、5

表 5-8　水工结构持久设计状况承载能力极限状态的目标可靠指标 β

结构安全级别		I 级	II 级	III 级
破坏类型	第一类破坏	3.7	3.2	2.7
	第二类破坏	4.2	3.7	3.2

表 5-8 中,第一类破坏是指非突发性的破坏,破坏前能见到明显征兆,破坏过程缓慢;第二类破坏是指突发性的破坏,破坏前无明显征兆,或结构一旦发生事故难以补救或修复。

从表 5-6~表 5-8 可以看出,主要水工建筑物在承载能力极限状态持久设计状况下不发生二类破坏的可靠指标 β 的取值:大(1)型水库为 4.2,大(2)型和中型水库为 3.7,小型水库为 3.2,上述安全系数可作为确定风险标准的基础。根据可靠度理论,假设可靠度的功能函数 Z 为正态分布的随机变量,则可求出对应的事故概率,如式(5-9)所示。

$$P_{\mathrm{f}} = 1 - \Phi(\beta) \tag{5-9}$$

对于大(1)型水库:$\beta = 4.2$,$P_{\mathrm{f}} = 1.34 \times 10^{-5}$;大(2)型和中型水库:$\beta = 3.7$,$P_{\mathrm{f}} = 1 \times 10^{-4}$;小型水库:$\beta = 3.2$,$P_{\mathrm{f}} = 7 \times 10^{-4}$。

我国当前的可靠度标准与大坝安全情况较为一致,因此也可取 P_{f} 的 10% 作为可容忍风险的极值线,1% 作为可接受风险的极值线。鉴于中型水库与大型水库溃坝后果均极其严重,为避免标准过于复杂,中型水库可采用与大型水库一样的标准。则大中型水库可容忍和可接受的风险概率极值线分别为 1.34×10^{-6} 和 1.34×10^{-7},小型水库可容忍和可接受的风险概率极值线分别为 7×10^{-5} 和 7×10^{-6}。

为同时满足根据大坝安全水平和当前可靠度标准确定的极值线,分别取其较小值作为风险标准。则对于大中型水库,可容忍和可接受风险概率极值线分别为 1.34×10^{-6} 和 1.34×10^{-7},小型水库可容忍和可接受的风险概率极值线分别为 2.62×10^{-5} 和 2.62×10^{-6}。

基于上述分析,可构建大中型水库社会生命风险标准,如图 5-6 所示。

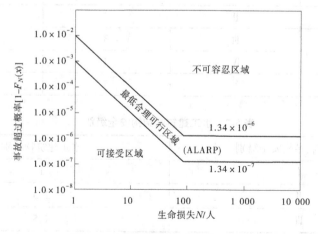

图 5-6　大中型水库社会生命风险标准

小型水库社会生命风险标准如图 5-7 所示。

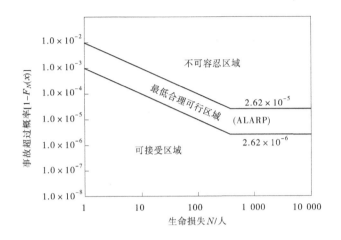

图 5-7　小型水库社会生命风险标准

5.3.3.4　经济风险标准的构建

与生命损失相比,准确的经济损失统计难度较大,主要是由于很多时候间接经济损失的计算十分困难。人们有时采用对直接经济损失乘以一系数的方式来表示间接经济损失,并推荐了许多不同的比例系数。美国安全专家 H. W. Heinrich 认为直接经济损失与间接经济损失之比为 1∶4,事实上美国每年的事故报告中基本上按 1∶1 计,而我国部分专家则认为应为 1∶7。同时这个比值受事故类型和行业性质的影响较大,所以针对不同的行业和伤害类型,如何正确确定这二者间的比值,也不是一件简单的工作。

以经济水平来衡量人的生命价值通常被认为是不人道的,往往招致强烈的批评和反对。但是在控制生命风险至社会可接受的前提下,以生命风险标准为基础来构建经济风险标准却是合理的,因此可根据生命损失与经济损失的数值对应关系来确定经济风险标准。因间接经济损失的统计十分困难且当前国家经济损失统计资料相对缺乏,因此,可制定直接经济损失标准暂时作为经济风险标准使用。

根据国务院《生产安全事故报告和调查处理条例》,1 人死亡事故相当于 330 万 ~500 万元的直接经济损失事故。因此,建议按照 1 人对应 400 万元的比例,构建我国水库大坝经济风险标准。

大中型水库经济风险标准如图 5-8 所示。

小型水库经济风险标准如图 5-9 所示。

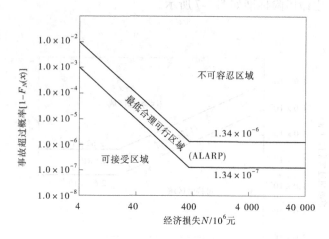

图 5-8   大中型水库经济风险标准

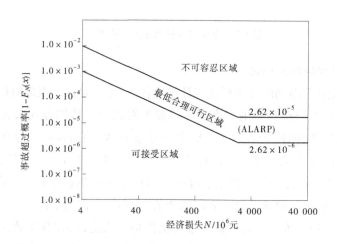

图 5-9   小型水库经济风险标准

5.4   大坝风险评价案例分析

5.4.1   工程概况

某水库位于流经所在城市河道的上游,兴建于 1959 年,水库总库容约 6 820 万 m³,兴利库容 4 791 万 m³,是对城市防洪、供水发挥巨大作用的中型水库。2008~2010 年间,水库下游包括常住人口约 15 万、国家高新技术产业开发区以及陇海铁路、京广铁路和水厂、电厂等供水能源设施。鉴于其在防洪方面极其重要,主管部门于 2008 年 11 月至 2010 年 6 月对其进行了除险加固,设计洪水标准为 100 年一遇,校核洪水标准为 5 000 年一遇,具体位置如图 5-10 所示。

图 5-10　某水库大坝位置

5.4.2　风险概率和后果计算

5.4.2.1　风险概率

用事故树分别计算该水库除险加固前、后在不同洪水条件下的风险概率,计算结果见表 5-9。

表 5-9　某水库大坝风险后果计算表

工况			事故后果	除险加固前		除险加固后	
洪水事件	洪水概率	预警时间 W_T	损失 LOL	事故概率 f	超过概率 F	事故概率 f	超过概率 F
5 000~PMF	0.000 2	0	396	1.00×10^{-5}	1.00×10^{-5}	2.16×10^{-6}	2.16×10^{-6}
		0.2	272				
		0.5	156				
		1	61				
1 000~5 000	0.000 8	0	186	9.60×10^{-6}	1.96×10^{-5}	9.28×10^{-7}	3.09×10^{-6}
		0.2	140				
		0.5	91				
		1	45				
100~1 000	0.009	0	87	1.53×10^{-5}	3.49×10^{-5}	4.73×10^{-7}	3.56×10^{-6}
		0.2	72				
		0.5	53				
		1	33				

续表 5-9

工况			事故后果	除险加固前		除险加固后	
洪水事件	洪水概率	预警时间 W_T	损失 LOL	事故概率 f	超过概率 F	事故概率 f	超过概率 F
1~100	0.99	0	60	4.95×10^{-6}	3.99×10^{-5}	3.96×10^{-7}	3.96×10^{-6}
		0.2	51				
		0.5	41				
		1	28				

5.4.2.2　风险后果

由于资料的缺乏及经济损失计算十分困难,仅计算生命损失。采用 DeKay M L 建立的溃坝洪水生命损失经验公式,如式(5-10)所示。

$$LOL = \frac{PAR}{1 + 13.277PAR^{0.44} \times \exp(0.759W_T - 3.790F_C + 2.223W_T \times F_C)} \quad (5\text{-}10)$$

式中:LOL 为生命损失数;PAR 为处于风险区的人口总数;W_T 为预警时间;F_C 为洪水风险特征:在高水力风险、水深流急情况下,取 $F_C = 1$,在低水力风险、水浅流缓条件下,取 $F_C = 0$。

考虑不同洪水条件下溃坝后水流条件的不同:PMF 洪水(可能最大洪水)条件下取 $F_C = 0.5$,5 000 年一遇、1 000 年一遇和 100 年一遇洪水条件下分别取 $F_C = 0.3$、0.1 和 0,分别计算预警时间为 0、0.2 h、0.5 h 和 1 h 条件下的生命损失,计算结果如表 5-9 所示。

5.4.3　风险水平分析

将除险加固前后不同工况下的事故概率和事故损失计算结果绘制到大中型水库生命风险标准图(见图 5-6)中,如图 5-11 所示。

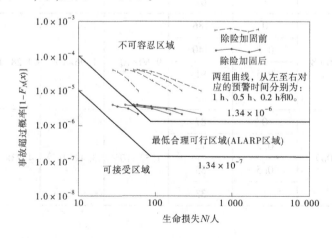

图 5-11　某水库大坝社会生命风险

从图 5-11 中可以看出：

（1）本次研究所制定的风险标准可有效判断各种工况下的风险水平：除险加固之前，在预警时间为 0~1 h 条件下，该水库大坝风险均远高于可容忍风险水平。除险加固后，在同等预警条件下，该水库大坝风险大幅降低，除险加固效果显著：在预警时间为 0~0.5 h 条件下，风险不可容忍；在预警时间为 1 h 条件下，风险降低至最低合理可行区域（ALARP）。

（2）与根据传统安全标准的评价认为大坝处于安全或者非安全状态相比，基于风险标准的评价考虑了不同预警条件下事故损失大小及社会对于不同等级事故损失接受程度的差异，更为科学与全面。

（3）除险加固后该水库大坝风险依然较高，可能由于以下原因：在风险标准的制定中，考虑到事故后果均极其严重且为避免标准种类过多，对于中型水库与大型水库采用了同样的风险标准，所以该标准对于中型水库来说可能略高；该水库下游为高密度人口区域，因而事故条件下生命损失较为严重；另外，生命损失受多种不确定因素影响，采用的计算公式是基于国外的各种因素所建立且进行了简化的，计算结果与工程实际有所偏差。

第 6 章 水库大坝风险管理

传统的安全管理主要偏重对工程本身安全的考虑,而对风险后果的考虑相对较少,存在一些不足。而大坝风险管理对大坝本身安全的考虑和对大坝下游公众的生命与财产安全的考虑并重,对于提高水库大坝综合管理水平具有重要理论意义和实用价值,也是未来大坝管理的发展方向。

6.1 风险管理思路及风险管理策略

6.1.1 风险管理的基本概念

水库大坝风险管理是以风险度量为理念,并参照我国相关法律法规及管理办法,对大坝潜在风险进行识别、评估、监控和处理,是大坝管理者为了减少可能发生的风险,以投入资本最少获得最大安全保障和效益的管理活动,是一个风险接受、拒绝、降低或转移的过程性管理。

6.1.2 风险管理的基本思路

水库大坝风险管理的主体内容包括风险识别、风险评估(包括风险概率分析、风险后果分析)、风险评价(包括风险标准的构建)及风险管控 4 个部分。近年来,随着信息化水平的不断提高,风险管理信息化逐步成为风险管理的一部分,如图 6-1 所示。

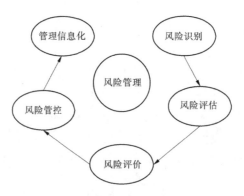

图 6-1 风险管理过程

6.1.3 降低风险策略概述

风险管理是一种过程性管理,其本质是如何降低和转移大坝失事风险。为实现上述目标,管控措施根据实施对象的不同主要可分为两类:工程措施和非工程措施,即通过技术和资金投入,提升和强化各种管理水平,从而降低大坝风险概率和减少潜在溃坝后果。

本书主要从工程安全风险、社会安全风险和应急安全风险三个方面提出相对应的管理措施。

6.2　工程安全风险管理

由风险定义可知,水库大坝风险主要包括溃坝可能性和溃坝后果两个方面,与工程本身结构可靠性和造成大坝失事的风险因素紧密相关,其重点在于工程措施。在第 3 章风险因素识别和风险概率计算的基础上,结合工程的全生命周期,分别给出设计、施工和运行阶段的几点风险管理理念。

(1)在工程设计时,工程项目的设计人员应当在现有的工程设计中融入风险理念。在工程规划设计过程中,应用风险分析的流程和方法,衡量可能造成的生命损失、经济损失和环境影响、社会影响,并根据后果的严重程度来提出有针对性的安全要求。

(2)大坝安全风险同时存在于施工阶段和运行管理阶段,因此这两阶段需要实时、动态地对大坝状态进行监控,对潜在风险进行识别、评估、监控和处理,尽可能减少大坝安全风险,保证大坝安全运行。

(3)在大坝运行后期,根据工程本身运行情况及社会经济发展情况,分别采用除险加固、降等、退役(报废)或者拆除等措施。

工程安全风险管理的核心是采取相应措施提升大坝自身的安全性,降低失事的可能性,这与传统的工程安全管理具有很好的一致性,因而本书不再进行详细阐述。

6.3　社会安全风险管理

水库大坝社会安全风险管理的实质是加强大坝风险后果管理,从而减小潜在溃坝造成的生命损失、经济损失和社会影响、环境影响,其重点在于非工程措施。

(1)结合潜在溃坝后果识别高风险水库大坝。根据水库大坝失事可能对下游地区造成的损失和影响,结合风险概率分析,识别出高风险的水库大坝。进而根据"成本-收益"原则(对大坝进行风险处理所产生的费用和取得收益之间的关系),分别采取风险缓解或风险回避等措施。

(2)合理划分风险区域。根据溃坝洪水演进模拟和风险后果分析,得出潜在溃坝洪水淹没范围,对风险区域进行合理划分。根据溃坝发生频率和风险后果严重程度,可划分为禁止建设区、限制建设区和适宜建设区,明确各个建设区的经济发展结构,并制定相应的法律法规,避免风险区内的过度开发,从源头上降低风险后果。

(3)做好汛期风险防御,制订完善的应急预案。汛期降雨多,来水量大,是水库大坝失事的主要时期。在汛期来临之前,应充分检查工程各部分的完好情况和运行质量。此外,应制订完善的应急预案,加强突发事件监测预警,完善相关应急救助措施,从而回避和减轻潜在溃坝后果。

(4)加强安全宣传,提高公众风险意识。根据第 4 章的分析,公众风险意识对于风险后果有着非常重要的影响。因此,应通过宣传教育、应急演练的方式,提高公众的风险意识,从而保障在溃坝事件发生时,公众可以高效地听从组织和管理,采取正确的方式和路径,快速地进行人员和财产转移,从而减少溃坝生命损失和经济损失。

6.4　水库大坝应急安全风险管理

应急安全风险管理是水库大坝风险管理的重要环节,是保障大坝运行安全、减轻直至消除大坝失事后果的最后一道防线。大坝应急管理包括预防、准备、响应和恢复4个环节,是一个贯穿于大坝安全全过程的管理活动,如图6-2所示。

本书通过引进几个大坝险情案例,阐述应急风险管理的重要性,并且从图6-2中应急管理的4个阶段,分别提出风险应急管理措施。

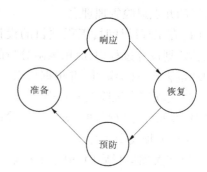

图6-2　应急管理的几个阶段

6.4.1　大坝应急抢险案例

6.4.1.1　郑州郭家嘴水库漫顶事件

(1)基本情况:2021年7月,河南省郑州市遭遇1 000年一遇强降雨,受暴雨持续影响,坐落于郑州市二七区的郭家嘴水库水位快速上涨,下游坝坡出现大范围垮塌情况,存在溃坝风险。

(2)抢险过程:为确保人民群众生命财产安全,郑州市防汛抗旱指挥部果断决定大学路以西、南四环以北、西四环以东、南水北调干渠以南范围内人员全部转移;东到嵩山路、北到航海路、西南到南水北调干渠,二层及以下住户全部转移,共应急转移疏散下游群众11万。

郭家嘴水库险情发生后,省市水利专家组及时研判,制定抢险、排险、排洪等措施,通过开挖行洪通道等,提高水库泄洪能力,应对超标准洪水。经过多方抢险,截至7月22日中午,郭家嘴水库水位逐渐回落,已从最高时的163.50 m下降至153.00 m,处于警戒水位线159.00 m之下,接近死水位,并以30.00 m³/s流量继续下泄。经省市水利专家组研判认定,郭家嘴水库险情基本解除,郑州市防汛抗旱指挥部7月21日下发的《关于做好人员转移工作的紧急通知》(郑防指电〔2021〕53号)同时解除。

(3)应急抢险现场如图6-3所示。

6.4.1.2　榆林水库溃坝事件

(1)基本情况:2017年7月26日13时50分,陕西北部榆林暴雨成灾,位于大理河子洲县城上游的清水沟水库发生溃坝。

(2)抢险过程:2017年7月26日12时,榆林市防汛抗旱指挥部发布预警信息,因7月25日晚强降雨导致子洲县清水沟水库漫溢,极有可能溃坝;2017年7月26日凌晨,当地防汛指挥部已要求沿岸居民紧急撤离,并采取措施对坝体进行应急抢险,尽全力确保大坝安全;溃坝险情发生后,子洲县立即组织武警、消防、公安等救援队伍,对水库溃坝险情

图 6-3　"7·20"郭家嘴水库应急抢险现场

进行严密监控和排查,并发出紧急通知,要求大理河沿岸居民和县城低洼处居民尽快撤离,尽最大能力减少溃坝损失。

(3)应急抢险现场如图 6-4 所示。

图 6-4　"7·26"陕西榆林子洲水库溃坝应急抢险现场

6.4.2　应急管理各阶段管理建议

针对应急管理的各个环节,提出以下管理建议。

6.4.2.1　预防阶段

在大坝运行阶段,主要存在着自然、事故灾害和人为等确定性和不确定风险,为确保大坝运行安全,应采取必要的经济合理可行的管理手段。在预防阶段,大坝运行中的确定性风险可以通过定期检查、登记、监测和加固处理等常规工作进行管理,即分阶段对大坝安全进行评价和备案记录等;大坝运行安全中的不确定风险可以通过风险分析和危险源辨识等风险识别手段,找出影响大坝运行安全的风险因素,争取把大坝运行管理的每个环节工作做到实处,从源头上进行控制、预防、减少和回避大坝潜在风险。

6.4.2.2　准备阶段

在准备阶段,应结合预防阶段识别出的风险因素,为后续应急行动提前做好各种准备工作。相关责任部门应制订对应的应急预案,提出针对性的预防措施,并定期对应急预案进行演练、不断地完善和改进;对有关部门和相关人员进行各职责的落实,提前与医院、消防和公安等救援机构建立快速联动机制,准备相应的救援物资并进行设备的维护,确保在应急响应阶段拥有充足的应急能力,即对风险的接受能力越大,带来的后果损失则会越少。

6.4.2.3 响应阶段

大坝险情发生后,应按照水库大坝应急响应机制,相关责任部门快速对灾害险情做出判断,启动相应等级应急预案,并采取对应的应急处置措施,同时第一时间向上级部门进行灾情信息汇报。当大坝险情超出本级行政部门的处理范围,应由上级部门及时协调本单位及社会各界的救援机构和志愿人士,投入到应急救援工作之中,及时疏散转移危险区域内的群众及重要设备与物资,最大程度上减少潜在损失。

6.4.2.4 恢复阶段

大坝失事导致下游遭受了损失,在应急恢复阶段应当做好善后安置、调查评估和恢复重建等工作。相关政府部门应完善灾后安置工作机制,充分做好灾民的基本生活补给、医疗卫生和治安管理等工作;相关单位和专业领域专家应组成调查组,对造成大坝灾害事件的原因进行调查分析、总结经验教训和及时补充完善应急预案;相关部门应对溃坝影响范围内的水电进行恢复、对破损建筑进行拆除或加固处理、对下游具有隐患的水库大坝进行降等、加固和拆除工作,最大程度上、快速高效地恢复下游群众的生产生活水平和经济发展水平。

在不断的总结和提升中,提升水库大坝应急管理水平,从而提高水库大坝综合风险管理水平。

第 7 章　水库大坝的退役与拆除

对于水库大坝来说,当其风险状况不满足相关标准,而且风险处理投入与取得的收益非常不平衡时,可通过对其采取退役或拆除的措施来规避风险。

7.1　我国病险水库大坝管理

水利工程是国家重要的民生工程,自 2011 年中央一号文件《中共中央 国务院关于加快水利改革发展的决定》发布以来,水利行业进入一个高速发展的阶段。病险水库除险加固项目作为 2011 年之后水利的一个重点方向,数量庞大。1976~2017 年我国病险水库除险加固情况如表 7-1 所示。

表 7-1　1976~2017 年我国病险水库除险加固情况

时间	目标	数量/座
1976~1985 年	大型水库大坝除险加固工程	65
1986 年	险情重,威胁大的重点病险水库大坝除险加固工程	43
1992 年	险情重,威胁大的重点病险水库除险加固工程	38
1998~2006 年	病险水库除险加固工程	2 000
2007~2009 年	大中型和重点小型病险水库除险加固工程	6 240
2009~2010 年	东部地区重点小型病险水库除险加固工程	1 116
2010~2012 年	小(1)型病险水库除险加固工程	5 400
2012~2015 年	小(2)型病险水库除险加固工程	41 000
2016 年	小型病险水库除险加固工程	4 073
2017 年	灾后小型病险水库除险加固工程	3 200

《中共中央关于制定国民经济和社会发展第十四个五年规划和二〇三五年远景目标的建议》及《国民经济和社会发展第十四个五年规划和 2035 年远景目标纲要》明确提出:加快病险水库除险加固,维护重要水利基础设施安全。2021 年 12 月 31 日,国务院批复同意《"十四五"水库除险加固实施方案》,明确了加快病险水库除险加固、加强监测预警设施建设、以县域为单元深化小型水库管理体制改革、健全长效运行管护机制等重点任务,要求到"十四五"末,全部完成现有及新增的约 1.94 万座病险水库除险加固;实施 55 370 座小型水库雨水情测报设施和 47 284 座小型水库大坝安全监测设施建设;对分散管理的 48 226 座小型水库全面实行专业化管护模式;推进水库管理规范化标准化。

7.1.1　水库大坝安全运行所面临的问题

由于运行时间较长,我国大多数水库大坝都存在一些问题,主要有以下几个方面:

(1)防洪标准较低。我国大多数水库大坝建造于 20 世纪 50 年代至 70 年代,受当时的条件限制,设计资料缺乏。特别是针对相应建造水库大坝河流的水文资料匮乏,造成了相应的设计防洪标准不准确。

(2)工程老化、金属结构失修。由于运行时间较长,所以许多的水库大坝存在工程老化、金属结构腐蚀锈化的严重问题。

(3)渗漏问题突出。长期的渗流加上坝体填筑级配不合理、施工质量差等联合作用导致水库大坝渗漏问题突出。特别是对于土石坝来说,渗流一旦形成管涌通道,土石坝内部土体就面临着被渗流逐渐淘空、逐渐失稳,产生坝体破坏的风险。

(4)抗震稳定性欠缺。由于当时设计条件的限制,对于抗震方面的设计存在不足。

这些病险水库随着运行时间的不断推移,其自身的运行风险不断增大。作为低概率高损失的事故,水库大坝溃坝会对下游及周边地区造成严重的生命损失、经济损失和环境影响、社会影响。近年来,人口数量逐渐增加,经济、社会发展水平不断提高,水库大坝溃坝所造成的后果将会比以往更加严重。

7.1.2　病险水库大坝风险管理措施

7.1.2.1　除险加固

除险加固是最常采用的病险水库大坝风险管理措施。病险水库除险加固是指对尚未达到国家防洪标准、抗震设防标准或有严重质量缺陷的病险水库,采取除险加固措施的工作。主要内容包括提高防洪能力、抗震加固、坝身加固、防渗处理、泄水建筑物水工金属结构更新改造等。

7.1.2.2　降等或退役

对于自身风险不满足可接受风险标准、风险处理投入与取得的收益非常不相称,或除险加固难度较大在技术上无法实行的病险水库而言,最有效的处理措施就是降等或退役拆除。

水库大坝降等,是指按照我国水库大坝工程规模等别的划分方法,降低水库大坝规模等别的措施。对应的水库大坝的功能随着工程规模等级的调整也会发生改变,如防洪标准等。

水库大坝退役,是指停止水库运行,相应完全(或部分)拆除大坝及其主要建筑物和撤销水库管理机构的处置措施;大坝的拆除是退役水库大坝的一种特殊形式,指完全或部分拆除坝体。水库大坝的退役分为全部退役和部分退役。全部退役是指拆除工程及其水库上所有附属的建筑物,即退役且拆除;部分退役是指对存在问题比较严重的结构进行拆除,涉及以下方案:

(1)只退役现有的水力发电设施,对于大坝及其他的结构暂时保留。

(2)部分工程实施退役,对于存在水力发电设施的水库需要控制运用,降低坝高或者拆除大坝。

（3）其他。在我国黄土高原地区,一些水库大坝淤满后实行直接退役,但并未拆除,而是淤地造田以弥补土地资源的不足,被称为淤地坝,是黄土高原地区一种广泛使用的水土保持工程。

相比之下,降等和退役还是有明显区别的。水库大坝降等仅仅是工程规模等级发生了变化,还发挥着兴利除害的功能,仍然作为水库大坝运行和管理;水库大坝退役之后,其运行功能停止,不再进行统一的管理。

7.2　水库大坝退役与拆除的原因及意义

7.2.1　水库大坝退役与拆除的原因

水库大坝退役拆除的原因主要有 3 个方面:生态环境因素、经济因素、安全因素。

7.2.1.1　生态环境因素

水库大坝退役拆除的目的是恢复鱼类和其他野生生物栖息地,提供鱼类洄游通道;改善水质,修复环境等。

7.2.1.2　经济因素

大坝的维护费用过于高昂,与修复相比,退役拆除在经济上更可行;水库大坝的效益因其他水利工程的兴建而被完全代替;水库运行环境发生变化或产业结构调整,水库无进一步开发利用价值;前期规划、设计不当,长期无来水,运行效益较低;泥沙淤积造成库容损失,库容淤满后会导致水库功能丧失;伴随着我国经济的发展,人民生活水平提高,水库周边土地使用功能改变,使得水库的灌溉面积及供水量急剧减少,水库功能萎缩甚至丧失。

7.2.1.3　安全因素

前期设计资料匮乏,防洪标准低;运行时间较长,年久失修,结构老化严重,安全性逐渐降低,运行风险不断增加;随着社会经济的不断发展,水库大坝下游地区人民的生活水平提高,一旦发生溃坝事件,所造成的损失逐渐增大。

7.2.2　我国水库大坝退役与拆除的意义

根据《水库降等与报废标准》(SL 605—2013)规定,对于总库容在 10 万 m^3 以上(含 10 万 m^3)的已建水库,必须达到一定的条件才能执行退役拆除措施。依据标准,对于具有以下几个条件的水库大坝可采取退役拆除措施:

（1）防洪、灌溉、供水、发电、养殖及旅游等效益基本丧失或者被其他工程替代,无进一步开发利用价值的。

（2）库容基本淤满,无经济、有效的措施恢复的。

（3）建库以来从未蓄水运用,无进一步开发利用价值的。

（4）遭遇洪水、地震等自然灾害或战争等不可抗力,工程严重毁坏,无恢复利用价值的。

（5）库区渗漏严重,功能基本丧失,加固处理技术上不可行或者经济上不合理的。

（6）病险严重，且除险加固技术上不可行或者经济上不合理，降等仍不能保证安全的。

（7）因其他原因需要报废的。

病险水库大坝的退役和拆除，可以很大程度上减少其所可能带来的风险，保证下游及周边居民的安全，保证周围生态环境，并且在技术实施上难度较小，经济可行性合理。对于拥有水库大坝数量较多的我国来说，水库大坝的退役拆除具有重要的意义，具体主要有以下几个方面：

（1）可以有效地降低病险水库大坝潜在失事概率及失事后造成的严重后果，降低我国水库大坝总体风险水平。

病险水库潜在风险的处理方法有 4 种：降低风险、保留风险、分担风险、规避风险。对某些病险水库大坝采取退役拆除的措施可以很大程度上降低水库大坝溃坝概率，从而减少了水库大坝的自身风险。

（2）可以有效地缓解我国病险水库数量较多与部分水库除险加固效益低、经济性差的矛盾。

我国水库大坝多修建于 20 世纪 50 年代至 70 年代，由于当时工程设计标准、施工质量相对较低，工程管理和运行维护投入较少。针对这些病险水库常规的做法是进行加固处理，但是部分病险水库存在除险加固投资成本高、效益低、经济性差等特点。随着我国水库大坝风险管理的深入研究，积极寻求更为合理的风险处理方法，对于这种病险水库采取退役拆除的措施是合理有效的。

（3）对当前全国水库大坝风险管理工作迫切需要的积极响应。

我国所修建的水库大坝数量众多，因此所对应的水库大坝的风险管理工作也是责任重大。在寻求针对水库大坝风险管理有效途径的过程中，对于病险水库大坝的拆除也是对当前大坝风险管理工作迫切需要的一种积极响应。

（4）可以促进我国水库大坝风险管理水平的提高。

风险管理这个概念引入国内相对较晚，国外许多发达国家在 20 世纪 80 年代便开始进行水库大坝风险分析与管理方面的研究，特别是在美国、加拿大、澳大利亚等国家，大坝风险管理技术发展较快。水库大坝的退役拆除属于水库大坝风险管理中风险处理环节，是对风险处理的一条新的有效途径。

7.3　国内外水库大坝退役与拆除现状

7.3.1　国外水库大坝退役与拆除现状

7.3.1.1　美国

美国不仅拆坝的数量最多，而且在拆坝产生的影响及拆坝技术方面的研究均居于领先地位。20 世纪 60 年代，美国联邦政府开始限制大坝的建设，并对大坝的建设和运行提出了严格的环境限制。20 世纪 80 年代以后，美国的拆坝数量和范围逐渐扩大；20 世纪 90 年代拆坝数量继续扩大，拆坝高度实现突破。据历史资料记载，美国的最早拆坝工程是在 1912 年,Michigan 州 Dead 河上的 Marquette 坝被拆除。至今,美国的拆坝历史已经超过 100 年。美国各年代拆坝数量见表 7-2、图 7-1。

表 7-2　美国各年代拆坝数量

时间	20 世纪 80 年代前	20 世纪 80 年代	20 世纪 90 年代	2000～2013 年
数量/座	57	92	188	638

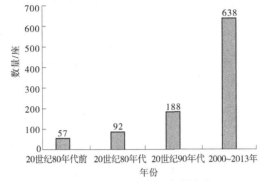

图 7-1　美国各年代拆坝数量变化

在 1980～1990 年期间,美国共拆除 92 座闸坝。其中有 60 座记录了拆坝原因,以生态恢复为目的拆除的闸坝最多(31 座),还有安全、经济、重建和违规建造等原因,具体情况如图 7-2 所示。

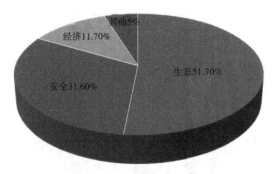

图 7-2　1980～1990 年期间不同原因拆坝百分比

在 1990～2000 年期间,美国总共拆除 188 座闸坝,各年份拆除的水库大坝数量统计结果如图 7-3 所示。

在 2000～2013 年期间,美国共计拆除闸坝 638 座,其中记录拆坝原因的有 469 座,具体数量统计结果及不同原因拆坝占比分析结果如图 7-4、图 7-5 所示。

由图 7-5 可知:综合考虑生态因素、经济因素、安全因素 3 个方面所拆除的闸坝达到 206 座,占 43.90%,其中有 178 座涉及了生态恢复;以生态恢复为主要原因的闸坝有 162 座,占 34.40%(可以看出,在以单一拆坝原因中,生态恢复是美国决定将闸坝拆除的最主要因素);经济为主要考虑因素的闸坝有 60 座,占 12.80%,其中综合原因涉及经济因素的有 144 座,占 30.7%(可以看出,相比于 20 世纪 90 年代之前,经济因素对于拆坝的影响

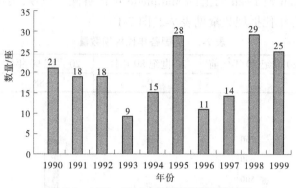

图 7-3 1990~2000 年美国拆坝数量统计

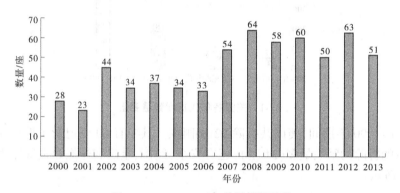

图 7-4 2000~2013 年美国拆坝数量

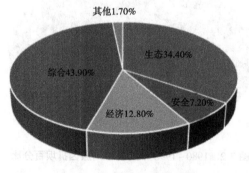

图 7-5 2000~2013 年美国不同原因拆坝占比

也越来越受重视)。

根据美国 1912~2013 年的拆坝资料可知,一座闸坝的拆除往往不是由于一种原因造成的,而是人们在综合考虑各个因素的条件下决定的。据统计,明确记录拆除原因的闸坝有 700 座,其中以河流生态修复为主导因素的为 306 座,占总数的 43.70%;出于经济因素考虑的为 82 座,占 11.70%;以安全保障为主要原因的为 79 座,占 11.30%;综合多因素进行考虑拆除的为 218 座,占 31.20%;此外,因为重建、违规建造等原因也对个别闸坝进行了拆除,占 2.10%,最终不同原因拆坝占比统计结果如图 7-6 所示。

对于美国以往的水库大坝退役拆除实例,以下主要列举三例:葛莱恩斯峡谷大坝、艾

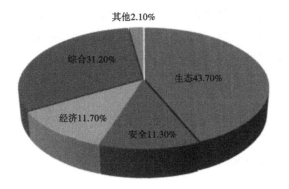

图 7-6　1912~2013 年美国不同原因拆坝占比

尔华坝和 Mitilija 大坝。

1. 葛莱恩斯峡谷大坝和艾尔华坝

美国的葛莱恩斯峡谷大坝和艾尔华坝(见图 7-7、图 7-8)分别高 64 m 和 33 m,于 1913 年和 1927 年完工建成,大坝在 20 世纪初为华盛顿奥林匹克半岛的发展发挥了重要的作用。当时这两座大坝建造的目的是为天使港一家造纸厂提供水源,因而当时没有修建让鲑鱼游过的通道,造成了艾尔华河里鲑鱼数量下降。

图 7-7　葛莱恩斯峡谷大坝

图 7-8　艾尔华坝

葛莱恩斯峡谷大坝和艾尔华坝拆除工作的主要目的是恢复艾尔华河里鲑鱼及虹鳟鱼等鱼类种群的溯河产卵通道,被认为是美国历史上最大的水库大坝拆除工程,具有重要的象征意义。两座大坝拆除的具体理由有以下几个方面:

(1)大坝均未设置鱼道,严重影响鲑鱼、虹鳟鱼等鱼类的溯河产卵,对鱼类的生存造成严重影响。

(2)大坝严重阻碍了艾尔华河的泥沙向下游输送。

(3)美国联邦能源管理委员会(Federal Energy Regulatory Commission, FERC)授予葛莱恩斯峡谷大坝的许可证已经过期。

2. Mitilija 大坝

Mitilija 大坝(见图 7-9)位于南加利福尼亚的 Ventura 河支流上,1947 年建成,是一座混凝土双曲拱坝,坝高 57.90 m。由于其丧失了主要的防洪和蓄水能力,破坏了濒危铁头鲑鱼的生存环境,并且阻拦了大量需要补充到下游 Ventura 县海滩的泥沙移动,在 2000 年被拆除。

图 7-9 Mitilija 大坝

7.3.1.2 加拿大

加拿大是世界上拆坝数量仅次于美国的国家,加拿大在不列颠哥伦比亚省有超过 2 000 座的大坝,其中大约有 300 座水库大坝丧失了原有的功能,发挥的效益很小,且造成了很严重的环境生态问题。

2000 年 2 月 28 日不列颠哥伦比亚省宣布拆除希尔多西亚水坝,原因是为了保护河流生态环境。在水坝建造前,这条河曾栖息了粉红鲑鱼、大马哈鲑鱼和银大马哈鲑鱼等许多珍贵鱼种。而据 1999 年的估计,粉红鲑鱼的族群已完全消失,而大马哈鲑鱼和银大马哈鲑鱼仅剩数百尾至数千尾。

加拿大大东河 Finlayson 大坝为加拿大国内第一个记录在案的按照计划和指定程序拆除的大坝。Finlayson 坝是一座位于大东河上 5 m 高的混凝土重力坝,当初兴建之时从未打算将其用于防洪、水力发电、供水和娱乐,其目的只是为中北部安大略省的伐木业服务。Finlayson 大坝拆除的主要原因有以下几个方面:

（1）大坝的建造影响了鲑鱼等鱼类的生存环境，造成其数量急剧下降。

（2）Finlayson 坝建造的目的是为中北部安大略省的伐木业服务，随着伐木业的逐渐没落，Finlayson 坝逐渐失去了用途。

因此，该坝于 1999 年被安大略省自然资源管理部列为退役对象，于 2000 年 7 月 2 日至 9 月 15 日被拆除。

加拿大目前所拆除的大坝，主要原因在于恢复河流生态系统及大坝功能丧失。2011年安大略省自然资源部（Ontario Ministry of Natural Resources，OMNR）发布了《大坝退役与拆除技术通报》（Dam decommissioning and removal），其中分析了水文、水力、地质、环境、社会、经济等多项与大坝退役相关的问题，并由此制定出大坝退役决策框架，为大坝退役提供了依据。

7.3.1.3　欧洲国家

法国因水坝建设造成 5 条主要河流中鲑鱼绝迹，现在也立法禁建水坝，并开始拆坝。法国最具代表性的罗纳河是一条被充分开发的河流，在河段上修建了十几座电站和大坝。为了不影响河流生态系统，法国政府在 20 世纪 90 年代终止了该河流上电站的使用，这些电站和大坝退役并被拆除。

瑞典能源政策规定，宁可培育柳树能源林，也不能在四大河流上发展水电站。

拉脱维亚制定专门法律，为保护渔业资源、国家公园和自然景观，已取消两座水坝的建设。

莱茵河流域国家也提出要让莱茵河重新自然化。

欧洲各国拆坝首选的原因在于恢复河流生态系统，保护河流无形和有形的价值。

7.3.1.4　日本

据 2002 年 8 月 1 日的《朝日新闻》报道，日本当时已面临计划终止建设的水库就有92 座。此外，水库大坝报废的计划也开始进行，其中政府对九州熊本县荒濑水库报废的决定，被称为是对“河道水泥化政策”的一次突破。2000 年 10 月新选出的长野县知事更是一上任便下令冻结 8 处计划兴建的水库，并于 2001 年 2 月发表“摆脱水库宣言”。

2003 年，日本熊本市市长对外宣布，位于 Kumagawa 河上的 Arase 水电站大坝将在 7年后拆除。熊本市政府将向日本中央政府申请在该日期后尽早拆除大坝。原因是水电站生产的电力不足该市年用电量的 1%，但更换电站发电机和水闸又需要大约 5 000 万美元，经济上极不合算。

截至 2021 年，日本的水库大坝总数为 4 456 座，在 2021 年计划终止运行水库大坝 25座。

7.3.2　国内水库大坝退役与拆除现状

据统计，到 2002 年底全国降等与报废的小型水库累计达 4 846 座，其中小（1）型水库降等 366 座，报废 224 座；小（2）型水库降等 2 836 座，报废 1 429 座。截至 2017 年年底，全国实施降等与报废水库 6 539 座，其中降等 4 021 座（中型 3 座、小型 4 018 座），报废2 518 座（中型 3 座、小型 2 515 座）。

各省根据情况的不同，为加强水库降等与报废管理，也分别制定了相应的标准。黑龙江、浙江、江苏、河北等省根据《水库降等与报废管理办法(试行)》制定了相关具体规定,进一步明确了水库降等与报废论证要求和审批程序。黑龙江省制定了《黑龙江省水库降等与报废管理暂行办法》(黑水发〔2003〕97 号),并在《黑龙江省水利工程管理考核办法(试行)》(黑水发〔2010〕548 号)中明确了水库降等与报废的方法标准、程序步骤和善后处理事宜。浙江省 2008 年发布《浙江省水利工程安全管理条例》,规定水库工程需要降低等级或者报废的,工程管理单位应当按照国家有关规定,组织技术论证、制订方案,按照规定的审批权限报请相关机关批准后组织实施;降低等级或者报废所需费用由工程管理单位承担。《江苏省水库管理条例》(2011 年)第十九条规定,对水库降等与报废按照分级管理权限由市、县水行政主管部门进行审批。河北省印发《关于做好水库降等与报废工作的通知》(冀水建管〔2012〕103 号),2016 年在《关于进一步做好水库安全管理工作的通知》中,对全省水库降等与报废进行安排部署,要求对没有效益、功能丧失的水库按程序和要求实施报废。2003~2017 年全国各地水库大坝降等与报废情况如表 7-3 所示。

表 7-3　2003~2017 年全国各地水库大坝降等与报废情况　　　　单位:座

省(市、区)	北京	天津	河北	山西	辽宁	黑龙江	湖北	湖南
降等	2	103	24	4	92	25	104	63
报废	1	28	26	180	23	74	22	37
省(市、区)	内蒙古	上海	吉林	江苏	浙江	河南	安徽	福建
降等	0	0	24	23	2	15	23	
报废	28	0	55	4	28	2	31	19
省(市、区)	山东	江西	海南	重庆	四川	贵州	云南	广东
降等	55	22	0	4	39	0	31	51
报废	61	69	0	17	29	5	41	45
省(市、区)	广西	西藏	青海	甘肃	陕西	新疆	宁夏	
降等	47	0	4	3	55	1	0	
报废	32	0	4	3	3	6	0	

由此看出,国内对于水库大坝的退役拆除问题越来越重视。长江经济带 11 个省(市)除上海外有 2.5 万多座小电站。其中有的违规建设、过度开发,致使河段脱流甚至干涸,生态环境遭到破坏。2018 年底,水利部、国家发展和改革委员会、生态环境部、国家能源局等部门拉开了史上最大规模的长江经济带小水电整改序幕。两年间,3 500 多座违规电站被勒令退出,2 万多座完成整改,2020 年底完成阶段性目标,生态环境突出问题得到初步治理。

7.3.3　我国水库大坝退役与拆除中存在的问题

为规范水库降等和报废行为,2003 年国家施行《水库降等与报废管理办法(试行)》,但进展缓慢,主要由于一些技术和管理层面上的关键性问题还需研究突破。但如何论证,论证广度与深度如何控制,特别是风险和生态系统影响难以评估。彭辉等根据对相关文献的总结,在以往研究的基础上,提出了相关水库病坝退役拆除决策流程图,提出了在病险水库大坝拆除过程中所面临的决策问题,如图 7-10 所示。

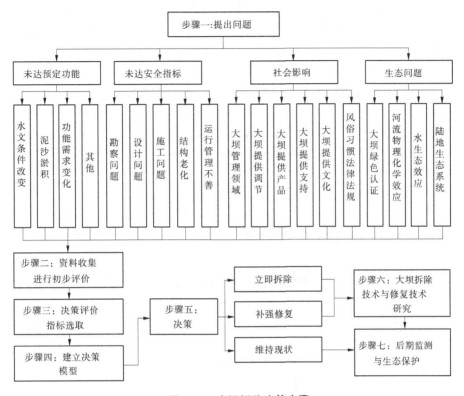

图 7-10　病坝拆除决策步骤

由于国内对水库大坝风险管理的研究起步比较晚,所以对水库大坝退役拆除方面的研究相对较少,在水库大坝退役拆除方面尚存在很多问题:

(1)出发点偏重成本效益。美国及加拿大等国家在水库大坝退役拆除方面比较倾向于生态环境。由于我国属于发展中国家,所以在考虑水库大坝退役拆除方面的影响因素时比较倾向于经济方面。

(2)我国水库大坝降等、报废的技术标准还不够成熟,缺乏可操作性。水库大坝的退役拆除工作在实施过程中,所涉及的程序和问题均很多,仅依靠《水库大坝降等与报废管理方法(试行)》是不够的,应该出台与之配套的技术标准、评估指标和方法。

(3)退役程序不完善。水库大坝的退役拆除涉及社会的方方面面,而我国的水库大坝退役评估目前主要是由各级水行政主管部门实施。后续的操作中应充分考虑其他团体和涉及方的意见,从而使各方面的利益均得到最大程度的保证,进而支撑水库大坝退役决策的实施。

(4)水库退役费用严重依赖于政府拨款。我国存在的病险水库大坝数量较多,水库大坝的退役拆除工作任务较为繁重,所需的经济支持大,过于依赖政府拨款导致所需费用到款额和进度难以满足实际需求。所以,水库大坝退役拆除所需费用可根据相应地区的经济发展情况进行一定程度的分担,减少对于国家和政府的依赖,减少国家负担的同时提高资金保证率。

(5)对参与退役评估的人员素质缺乏具体要求标准。退役评估程序复杂,所涉及的内容比较多,而且对于评估结果准确度的要求比较高。因此,参与退役评估的人员素质如果没有具体的要求标准,可能会造成最终的退役评估结果误差较大,从而导致不合理甚至错误的决策。

(6)水库退役标准对小型水库关注度有待提升。我国小型水库大坝数量占水库大坝总数的比例超过95%,且小型水库大坝病险问题比例远超中型和大型水库大坝。因此,水库大坝退役标准应该提高对于小型水库的关注度。

(7)水库退役数据资料的收集要求不明确。前期相关资料的收集关系到后期水库大坝退役评估工作的顺利开展,如果退役数据资料收集不明确,在后期的退役评估工作中可能会遇到各种障碍或技术性问题。

(8)水库大坝退役宣传力度不够。退役宣传力度不够,容易导致人们对于水库大坝退役的理解不到位,在后期的拆除工作实行过程中,无法得到社会各界的积极响应。同时,还可能会造成舆论方面的阻力,影响正常退役拆除工作的顺利开展。

7.4　大坝拆除后可能造成的影响

随着水库大坝运行时间的不断推移,其本身与周围环境和社会发展的关系越来越紧密。所以,水库大坝的退役拆除,势必会对周围的生态环境和社会经济发展造成一定程度的影响。结合以往的研究,可将水库大坝退役拆除所造成的影响分为4种:物化影响、生态影响、经济影响、社会影响,层次示意如图7-11所示。

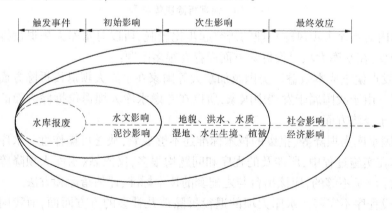

图7-11　水库大坝退役拆除影响层次示意图

7.4.1　物化影响

物化影响主要包括水文影响、泥沙影响、地貌影响、洪水影响和水质影响。

7.4.1.1　水文影响

水库大坝拆除后所造成的水文影响主要与水库的调蓄能力、泄流能力以及库区周围的地下水补给等因素有关。同时,对于上游、库区和下游的影响具有显著的差别,如果水库调蓄能力较强,则报废对于周围生态环境的水文条件影响也就较大;调蓄能力小,对于水文条件的影响也就较小。其主要原因是水库的调蓄能力的差异,会导致水库大坝拆除前后对洪峰流量、流量变化幅度、流量历时、变率及枯水流量的影响不同。

7.4.1.2　泥沙影响

我国目前退役拆除的水库大坝中泥沙淤积所导致的占了很大一部分,特别是陕西省境内的水库大坝。这些淤积的泥沙伴随着水库大坝拆除后阻拦作用的消失,将重新向下游运动。下游泥沙含量的增加可能会破坏鱼类、贝壳类等各种生物的产卵地,同时也会破坏大量大型植物的根茎。如果库区淤积了大量的泥沙,特别是当泥沙淤积改变了河道水力几何形态时,水库报废对泥沙输移规律的影响将更加显著。

7.4.1.3　地貌影响

水库大坝的修建阻碍了上游泥沙向下游地区的运动,大量泥沙淤积在库区。当水库大坝退役拆除后,库底泥沙运动的障碍去除,库区大量泥沙向下游移动,下游河床会发生演变。同时,水库回水效应和顶托作用的消失,使上游河道的水力坡度增大,流速加快,水流挟沙能力增加,上游冲刷作用逐渐增强,河床下切,可能造成堤岸发生坍塌,河道横向变形逐渐变宽,最终河岸侵蚀作用逐步减小,达到平衡状态。

7.4.1.4　洪水影响

水库大坝具有调控洪水、削弱洪峰的能力,退役拆除后,能力消失,对于水库大坝上下游地区都会造成影响。水库大坝退役拆除,其顶托作用消失,泄流能力增加,上游水位下降,所对应的洪水风险减少。随着水库大坝调控洪水能力消失,洪水位变化幅度增大,大量泥沙向下游地区移动,河床逐渐抬高,洪水位逐渐上升,下游地区洪水风险增加。

7.4.1.5　水质影响

在水库大坝拆除之前,由于坝体的阻拦作用,库区内的水流流速较慢,滞留时间较长,造成大量悬浮物沉淀,间接性地对水体起到了过滤净化的作用。同时水流流速慢、滞留时间长还可以降低水体的浊度、色度。但是伴随着水体微生物对污染物降解作用的加强,水体中氧气的损耗增多,间接导致水体水温与 pH 改变、气体过饱和、富营养化、盐度增加、水体与沉积物中污染物浓度改变等一系列变化。而伴随着水库大坝的拆除,水流流速加快,悬浮物的沉淀作用减弱。此外,由于小颗粒泥沙比表面积较大,比较易于吸附污染物质,所以在沉积的泥沙中,可能包含了大量的污染物,其大量下移会造成下游的污染问题。

7.4.2　生态影响

生态影响包括湿地影响、水生生境影响、植被影响。

7.4.2.1　湿地影响

水库大坝退役拆除后,其对于河流的截流作用消除,水库大坝上游地区的水位下降,导致部分湿地消失,湿地对地下水补给情况发生变化。对于水库大坝下游地区,泥沙下移,河床抬高,水位上升,水流区范围增大,原湿地的形态和分布范围可能变化,部分地区也会逐渐变成湿地。水流作用增大,湿地的地表水和地下水的水文状态将有所变化。

7.4.2.2 水生生境影响

水库大坝的退役拆除对水生生境的影响主要表现在水温、水质、流速、溶氧量等方面。水库大坝运行时间长,与周围的生态环境已达到相对的平衡,突然退役拆除,截流作用消失,大量泥沙迅速下移,水流流速加快,流量增加,短期内,势必会对水生生境造成影响。但是,随着时间的逐渐推移,水库大坝周边环境的自我修复能力逐渐发挥,所造成的水生生境影响程度会逐渐降低,水生生境状态逐渐趋于稳定。

7.4.2.3 植被影响

当水库大坝拆除后,对于大坝下游的植物来说,由于短期内大量泥沙向下移动,泥沙冲刷使得部分小型植物死亡。经过长期发展后,河流水文特征恢复原生态状态,水文条件和地貌变化的相互作用为岸坡植物的生长提供了天然的栖息地,从而促进了本土植物群落的恢复。

7.4.3 经济影响

水库大坝是国民经济和社会发展的基础设施,在防洪、灌溉、发电、供水、航运、水产养殖等方面发挥了巨大作用。水库大坝的退役拆除,对于周围工农业的发展会造成一定程度的影响,特别是对于工农业用水方面,会影响工业生产和农作物灌溉用水的保证。但是,水库大坝的退役拆除可以减少地方对于水库大坝管理和维护的投资。

7.4.4 社会影响

水库大坝的退役拆除,对社会存在着潜在的影响。例如,可能会造成相应管理机构员工、电厂员工等丧失就业岗位。同时,相应的旅游、休闲娱乐功能丧失或者改变,造成旅游产业相关人员的失业,社会就业压力增加。

水库大坝的退役与拆除不仅是工程问题,还牵涉到社会和经济发展的各个方面。在进行水库大坝退役拆除的决策时,应充分考虑各方面的因素,既要避免该拆不拆,更要避免过于冒进,从而保证水库大坝行业健康稳定发展。

参考文献

[1] 李雷，王仁钟，盛金宝，等. 大坝风险评价与风险管理[M]. 北京：中国水利水电出版社，2006.

[2] 顾冲时，苏怀智，刘何稚. 大坝服役风险分析与管理研究述评 [J]. 水利学报，2018，49（1）：26-35.

[3] 周兴波，张梁，姚虞. 加拿大水电开发与大坝安全管理体系研究[J]. 水力发电，2020，46（4）：89-96.

[4] Canadian Dam Association. Dam safety guidelines 2007[S]. Toronto：Canadian Dam Association，2013.

[5] 王艳玲，张大伟，周大德. 国外水电站大坝安全管理体制机制研究[J]. 中国水能及电气化，2015（3）：36-39.

[6] 郭军. 美国大坝的建设与安全管理概要[J]. 水力发电，2013，39（11）：107-108.

[7] 李雷，蔡跃波，盛金保. 中国大坝安全与风险管理的现状及其战略思考[J]. 岩土工程学报，2008，30（11）：1581-1587.

[8] Jones-Lee M，Aven T. ALARP—What does it really mean？[J]. Reliability Engineering & System Safety，2011，96（8）：877-882.

[9] 葛巍，焦余铁，李宗坤，等. 溃坝风险后果研究现状与发展趋势 [J]. 水科学进展，2020，31（1）：143-151.

[10] 李宗坤，葛巍，王娟，等. 中国大坝安全管理与风险管理的战略思考[J]. 水科学进展，2015，26（4）：589-595.

[11] 中华人民共和国水利部. 2021 年全国水利发展统计公报[M].北京：中国水利水电出版社，2022.

[12] 张建云，杨正华，蒋金平.我国水库大坝病险及溃决规律分析[J].中国科学：技术科学，2017，47（12）：1313-1320.

[13] 李宏恩，马桂珍，王芳，等. 2000—2018 年中国水库溃坝规律分析与对策[J].水利水运工程学报，2021（5）：101-111.

[14] 严磊. 大坝运行安全风险分析方法研究[D].天津：天津大学，2011.

[15] 解家毕，孙东亚. 全国水库溃坝统计及溃坝原因分析[J].水利水电技术，2009，40（12）：124-128.

[16] 麻荣永. 土石坝风险分析方法及应用[M].北京：科学出版社，2004.

[17] 谷艳昌，王士军，庞琼，等. 基于风险管理的混凝土坝变形预警指标拟定研究[J].水利学报，2017，48（4）：480-487.

[18] 张大伟.美国 Edenville 溃坝事件原因分析与启示[J].中国防汛抗旱，2021，31（2）：70-74.

[19] 宋恩来. 国内几座大坝事故原因分析[J]. 大坝与安全，2000（2）：41-44.

[20] 张秀丽.国内外大坝失事或水电站事故典型案例原因汇集[J].大坝与安全，2015（1）：13-16.

[21] 张国栋，李雷，彭雪辉. 基于大坝安全鉴定和专家经验的病险程度评价技术[J].中国安全科学学报，2008（9）：162-170.

[22] 葛巍. 土石坝施工与运行风险综合评价[D].郑州：郑州大学，2016.

[23] 葛巍，李宗坤，王文姣，等. 基于 WBS-RBS 和 AHP 的土石坝施工期风险评估[J]. 人民黄河，2013，35（6）：121-123.

[24] Ge W，Li Z K，Li W，et al. Dynamic risk assessment index system for earth-rock dam during construction[J].Journal of Donghua University：English Edition，2015，32（6）：923-926.

[25] 李雷. 大坝风险评价与风险管理[M]. 北京:中国水利水电出版社,2006.

[26] 周兴波. 建立在可靠度与溃坝计算基础上的梯级水库群风险分析[D]. 西安:西安理工大学, 2015.

[27] 李天元,郭生练,刘章君,等. 基于峰量联合分布推求设计洪水[J]. 水利学报,2014,45(3): 269-276.

[28] Li Z, Wang T, Ge W, et al. Risk Analysis of Earth-Rock Dam Breach Based on Dynamic Bayesian Network[J]. Water, 2019,11(11):2305.

[29] 周建方,唐椿炎,许智勇. 贝叶斯网络在大坝风险分析中的应用[J]. 水力发电学报,2010,29 (1):192-196.

[30] 徐铭阳,刘林江. 可靠理论及一次二阶矩法概述[J]. 山西建筑,2016,42(8):67-68.

[31] 朱殿芳,陈建康,郭志学. 结构可靠度分析方法综述[J]. 中国农村水利水电,2002(8):47-49.

[32] 吴雪莉,姜进,张乐民,等. 改进的一次二阶矩法在隧道可靠度中的应用[J]. 工业建筑,2008 (S1):694-697.

[33] 雷鹏,陈晓伟,张贵金,等. 基于LHS-MC的堤防渗透破坏风险分析[J]. 人民黄河,2014,36 (10):45-47.

[34] 宋子元. 考虑时变效应的土石坝系统风险评估研究[D]. 郑州:郑州大学,2021.

[35] 孙开畅,李权,徐小峰,等. 施工高危作业人因风险分析动态贝叶斯网络的应用[J]. 水力发电学报,2017,36(5):28-35.

[36] 李宗坤,王特,葛巍,等. 基于动态贝叶斯网络的混凝土坝失事风险分析[J]. 长江科学院院报, 2021,38(5):137-143.

[37] 李全明,张兴凯,王云海,等. 尾矿库溃坝风险指标体系及风险评价模型研究[J]. 水利学报, 2009,40(8):989-994.

[38] 李锋,李宗坤. 基于未确知网络分析法的堤防工程风险分析研究[J]. 长江科学院院报,2012,29 (7):35-40.

[39] 李宗坤,叶青,李锋. 基于未确知网络分析法的土石坝风险分析研究[J]. 郑州大学学报(工学版), 2012,33(1):11-15.

[40] 张涛,苏怀智. 基于贝叶斯框架下大坝服役性态综合评估方法[J]. 长江科学院院报,2021,38 (2):32-38,45.

[41] 李巍. 基于云模型及改进可变模糊集合的中国溃坝风险后果评价[D]. 郑州:郑州大学,2019.

[42] 李德毅,杜鹢. 不确定性人工智能[M]. 2版. 北京:国防工业出版社,2014.

[43] Li Z, Li W, Ge W. Weight analysis of influencing factors of dam break risk consequences[J]. Natural Hazards and Earth System Sciences, 2018, 18(12): 3355-3362.

[44] Ren Y, Yao J, Xu D, et al. A comprehensive evaluation of regional water safety systems based on a similarity cloud model[J]. Water Science & Technology, 2017,76(3):594-604.

[45] 吴胜文,秦鹏,高健,等. 熵权-集对分析方法在大坝运行风险评价中的应用[J]. 长江科学院院报,2016,33(6):36-40.

[46] 何晓燕,梁志勇. 水库溃坝后果及风险标准研究综述[J]. 中国防汛抗旱,2008,18(6):51-55.

[47] 王志军,宋文婷. 溃坝生命损失评估模型研究[J]. 河海大学学报(自然科学版),2014,42(3): 205-210.

[48] Ge W, Sun H Q, Zhang H X, et al. Economic risk criteria for dams considering the relative level of economy and industrial economic contribution[J]. The Science of the totalenvironment, 2020, 725:138-139.

［49］ Wu M M, Ge W, Li Z K, et al. Improved set pair analysis and its application to environmental impact evaluation of dam break[J]. Water, 2019, 11(4): 821.

［50］ 李宗坤, 姬艳婷, 张兆省, 等. 基于未确知集对联系数法的溃坝社会影响评价[J]. 水电能源科学, 2020, 38(5): 95-97, 80.

［51］ 王仁钟, 李雷, 盛金保. 水库大坝的社会与环境风险标准研究[J]. 安全与环境学报, 2006(1): 8-11.

［52］ 何晓燕, 孙丹丹, 黄金池. 大坝溃决社会及环境影响评价[J]. 岩土工程学报, 2008(11): 1752-1757.

［53］ 国家环境保护总局环境工程评估中心. 环境影响评价相关法律法规汇编[M]. 北京: 中国环境科学出版社, 2005.

［54］ 李宗坤, 李娟娟, 葛巍, 等. 基于广义集对分析法的溃坝环境影响评价[J]. 人民黄河, 2019, 41(5): 105-109.

［55］ 焦余铁. 基于洪水演进和人口避难模拟的溃坝生命损失评估[D]. 郑州: 郑州大学, 2021.

［56］ 姚志坚, 彭瑜. 溃坝洪水数值模拟及其应用[M]. 北京: 中国水利水电出版社, 2013.

［57］ 曹冲. 基于 HEC-RAS 及 ArcGIS 的水库大坝溃坝生命损失分析[D]. 郑州: 郑州大学, 2020.

［58］ Brown C A, Graham W J. Assessing the threat to life from dam failure[J]. Jawra Journal of the American Water Resources Association, 1988, 24(6): 1303-1309.

［59］ Assaf H, Hartford D N D, Cattanach J D. Estimating dam breach flood survival probabilities[J]. Ancold Bulletin, 1997(107): 23-42.

［60］ DeKay M L, Mcclelland G H. Predicting loss of life in cases of dam failure and flash flood[J]. Insurance: Mathematics and Economics, 1993, 13(2): 165-165.

［61］ 周克发, 李雷, 盛金保. 我国溃坝生命损失评价模型初步研究[J]. 安全与环境学报, 2007, 7(3): 145-149.

［62］ 赵一梦, 顾圣平, 刘欣欣, 等. 基于过程机理的溃坝生命损失估算模型[J]. 水电能源科学, 2016, 34(5): 69-72.

［63］ 范子武, 姜树海. 允许风险分析方法在防洪安全决策中的应用[J]. 水利学报, 2005(5): 618-623.

［64］ 宋敬衔, 何鲜峰. 我国溃坝生命风险分析方法探讨[J]. 河海大学学报(自然科学版), 2008(5): 628-633.

［65］ Sun Y F, Zhong D H, Li M C, et al. Theory and application of loss of life risk analysis for dam break[J]. Transactions of Tianjin University, 2010, 16(5): 383-387.

［66］ Graham W J. A Procedure for Estimating Loss of Life Caused by Dam Failure[J]. Dam Safety Office Us Bureau of Reclamation, 1999, 6(5): 1-43.

［67］ Reiter P. Loss of Life caused by dam failure: the RESCDAM LOL method and its application to Kyrkosjarvi dam in Seinajoki[R]. Helsinki: PR Water Consutting Ltd, 2001.

［68］ Jonkman S N, Lentz A, Vrijling J K. A general approach for the estimation of loss of life due to natural and technological disasters[J]. Reliability Engineering & System Safety, 2010, 95(11): 1123-1133.

［69］ Mcclelland M, Bowles D S. Towards improved life loss estimation methods: lessons from case histories[R]. Seinajoki: Rescdam Seminar, 2000.

［70］ Bowles D S, Aboelata M. Evacuation and life-loss estimation model for natural and dam break floods[J]. Nato Science, 2006, 78: 363-383.

［71］ Judi D R, Pasqualini D, Arnold J D. Computational Challenges in Consequence Estimation for Risk Assessment-Numerical Modelling, Uncertainty Quantification, and Communication of Results [R]. Los

Alamos：Los Alamos National Labortory，2014.

［72］Kolen B, Kok M, Helsloot I, et al. EvacuAid：A Probabilistic Model to Determine the Expected Loss of Life for Different Mass Evacuation Strategies During Flood Threats［J］. Risk Analysis, 2013, 33(7)：1312-1333.

［73］Cleary P W, Prakash M, Mead S, et al. A scenario-based risk framework for determining consequences of different failure modes of earth dams［J］. Natural Hazards, 2014, 75(2)：1489-1530.

［74］Andrew Day C. Modeling potential impacts of a breach for a high hazard dam, Elizabethtown, Kentucky, USA［J］. Applied Geography, 2016, 71：1-8.

［75］Komolafe A A, Herath S, Avtar R, et al. Comparative analyses of flood damage models in three Asian countries：towards a regional flood risk modelling［J］. The environmentalist, 2019, 39(2)：229-246.

［76］刘来红，彭雪辉，李雷，等. 溃坝风险的地域性、时变性与社会性分析［J］. 灾害学, 2014, 29(3)：48-51.

［77］Ge W, Jiao Y, Wu M, et al. Estimating loss of life caused by dam breaches based on the simulation of floods routing and evacuation potential of population at risk ［J］. Journal of Hydrology, 2022, 612：128059.

［78］周克发. 溃坝生命损失分析方法研究［D］. 南京：南京水利科学研究院, 2006.

［79］Urbanik T. Evacuation time estimates for nuclear power plants［J］. 2000, 75(2)：165-180.

［80］张士辰，王晓航，厉丹丹，等. 溃坝应急撤离研究与实践综述［J］. 水科学进展, 2017, 28(1)：140-148.

［81］Transportation Research Board Business Office. Highway capacity manual 2008［M］. Washington, D. C：National Research Council, 2009.

［82］RESCDAM. The use of physical models in dam-break flood analysis：rescue actions based on dam-break flood analysis［R］. Helsinki, Finland：Final Report of Helsinki University of Technology, 2000：57.

［83］王志军，宋文婷. 溃坝生命损失评估模型研究［J］. 河海大学学报（自然科学版）, 2014, 42(3)：205-210.

［84］王健. 基于生态系统服务价值分析的溃坝洪水生态风险评价［D］. 郑州：郑州大学, 2021.

［85］谢高地，张彩霞，张昌顺，等. 中国生态系统服务的价值［J］. 资源科学, 2015, 37(9)：1740-1746.

［86］胡腾云，李雪草，宫鹏，等. 北京市平原造林遥感监测与未来空间适宜性评价模拟［J］. 中国科学：地球科学, 2020, 50(10)：1455-1467.

［87］Maeler K G, Aniyar S, Jansson A. Accounting for ecosystem services as a way to understand the requirements for sustainable development［J］. Proceedings of the National Academy of Sciences of the United States of America, 2008, 105(28)：9501-9506.

［88］崔丽娟，庞丙亮，李伟，等. 扎龙湿地生态系统服务价值评价［J］. 生态学报, 2016, 36(3)：828-836.

［89］李谢辉，韩荟芬. 河南省黄河中下游地区洪灾损失评估与预测［J］. 灾害学, 2014, 29(1)：87-92.

［90］Ge W, Wang X W, Li Z K, et al. Interval analysis of loss of life caused by dam failure ［J］. Journal of Water Resources Planning and Management, 2021, 147(1)：04020098.

［91］Peng M, Zhang L M. Dynamic decision making for dam-break emergency management-Part 1：Theoretical framework［J］. Natural hazards and earth system sciences, 2013, 13(2)：425-437.

［92］Penning-Rowsell E, Floyd P, Ramsbottom D, et al. Estimating injury and loss of life in floods：a deterministic framework［J］. Natural hazards, 2005, 36(1-2)：43-64.

[93] 凌复华. 突变理论及其应用[M]. 上海：上海交通大学出版社，1987.

[94] Ge W, Jiao Y, Sun H, et al. A method for fast evaluation of potential consequences of dam breach [J]. Water, 2019, 11(11), 2224.

[95] Peng M, Zhang L M. Analysis of human risks due to dam-break floods-part 1：a new model based on Bayesian networks [J]. Natural Hazards, 2012, 64(1)：903-933.

[96] Maijala T, Huokuna M, Honkakunnas T. RESCDAM- Development of rescue actions based on dam-break flood analysis [R]. Helsinki, Finland：Finnish Environment Institute. 2000.

[97] Ge W, Li Z, Li W, et al. Risk evaluation of dam-break environmental impacts based on the set pair a-nalysis and cloud model [J]. Natural Hazards,2020, 104：1641-1653.

[98] 李宗坤，李奇，葛巍，等. 基于集对分析的大坝风险后果综合评价[J]. 人民黄河，2016, 38(9)：111-114.

[99] 李宗坤，李巍，葛巍，等. 基于集对分析-可变模糊集耦合方法的溃坝环境影响评价[J]. 天津大学学报(自然科学与工程技术版)，2019, 52(3)：269-276.

[100] Ge W, Qin Y P, Li Z K, et al. An innovative methodology for establishing societal life risk criterisa for dams：A case study to reservoir dam failure events in China[J]. International Journal of Disaster Risk Reduction, 2020, 49：101663.

[101] Li S Y, Zhou X B, Wang Y J, et al. Study of risk acceptance criteria for dams[J]. Science China Technological Sciences, 2015, 58(7)：1263-1271.

[102] Vrijling J K, Van Hengel W, Houben R J. A framework for risk evaluation[J]. Journal of Hazardous materials, 1995, 43(3)：245-261.

[103] 中华人民共和国住房和城乡建设部. 水利水电工程结构可靠性设计统一标准：GB 50199—2013 [S]. 北京：中国计划出版社，2014.

[104] 彭雪辉，赫健，施伯兴. 我国水库大坝风险管理[J]. 中国水利，2008(12)：10-13.

[105] 顾冲时，苏怀智，刘何稚. 大坝服役风险分析与管理研究述评[J]. 水利学报，2018, 49(1)：26-35.

[106] 杜德进. 水电站大坝运行安全应急管理刍议[J]. 大坝与安全，2015(2)：21-26,38.

[107] 陈生水. 新形势下我国水库大坝安全管理问题与对策[J]. 中国水利，2020(22)：1-3.

[108] 盛金保，厉丹丹，蔡荨，等. 大坝风险评估与管理关键技术研究进展[J]. 中国科学：技术科学，2018,48(10)：1057-1067.

[109] 臧少慧，张明占，刘仲秋，等. 我国水库除险加固研究进展[J]. 山东农业大学学报(自然科学版)，2019, 50(6)：1097-1103.

[110] 向衍，盛金保，杨孟，等. 水库大坝退役拆除及对生态环境影响研究[J]. 岩土工程学报，2008(11)：1758-1764.

[111] 向衍，盛金保，袁辉，等. 中国水库大坝降等报废现状与退役评估研究[J]. 中国科学：技术科学，2015,45(12)：1304-1310.

[112] 王若男，吴文强，彭文启，等. 美国百年拆坝历史回顾[J]. 中国水利水电科学研究院学报，2015, 13(3)：222-226,232.

[113] 李翠，王晓玥. 美国拆坝统计分析[J]. 大坝与安全，2015(4)：74-78,84.

[114] 彭辉，刘德富，田斌. 国际大坝拆除现状分析[J]. 中国农村水利水电，2009(5)：130-135.

[115] 周良景. 加拿大 Finlayson 坝拆除获得成功[J]. 水利水电快报，2006(23)：26-30.

[116] 刘宁. 21 世纪中国水坝安全管理、退役与建设的若干问题[J]. 中国水利，2004(23)：27-30,5.

[117] 荆茂涛，杨正华，蒋金平. 全国水库降等与报废情况调查分析[J]. 中国水利，2018(20)：

12-14,45.

[118]彭辉,刘德富. 病坝识别及其拆除决策步骤研究[J]. 中国农村水利水电,2009(9):101-104,107.

[119]程卫帅,刘丹. 水库报废的影响分析:宏观过程与效应[J]. 岩土工程学报,2008(11):1765-1770.

[120]盛金保,赵雪莹,王昭升. 水库报废生态环境影响及其修复[J]. 水利水电技术,2017,48(7):95-101.